Problemas resueltos para opositores a matemáticas

Edición: MUNDIEDICIONES / Manuales

mundiediciones@mundiario.com

Editor: José Luis Gómez

Directora: Judith Muñoz Macho

Primera edición: septiembre 2022

Imagen de portada: Dan Cristina Padure / Unsplash

Diseño de portada: MUNDIEDICIONES

© 2022 Daniel Nieves Roldán

© 2022 Compañía Mundiario de Comunicación S.L

Todos los derechos reservados.

ISBN: 9798834902256

No se permite la reproducción, almacenamiento o transmisión total o parcial de este libro sin la autorización previa y por escrito del editor. Todos los derechos reservados.

PROBLEMAS RESUELTOS PARA OPOSITORES A MATEMÁTICAS

Daniel Nieves Roldán

ÍNDICE

BLOQUE 1 – Números..7
   Inducción...7
   Sistemas de numeración..10
   Divisibilidad y congruencias...13
   Números enteros..19
   Ecuaciones diofánticas..23
   Números complejos...27
   Combinatoria...34

BLOQUE 2 – Álgebra...43
   Polinomios...43
   Sistemas de ecuaciones y determinantes.......................................49
   Estructuras algebraicas..57
   Espacios vectoriales y aplicaciones lineales.................................65
   Diagonalización...79

BLOQUE 3 – Análisis..89
   Sucesiones...89
   Series...95
   Límites, continuidad, derivabilidad y aplicaciones de las derivadas
....103
   Optimización...113
   Integrales...121

BLOQUE 4 – Geometría...135
   Geometría sintética...135
   Geometría analítica...147
   Lugares geométricos. Cónicas 155

BLOQUE 5 – Estadística y probabilidad 167
  Probabilidad 167
  Variables aleatorias discretas 176
  Variables aleatorias continuas 185

El presente libro pretende ser un manual de preparación para la parte práctica de las oposiciones al cuerpo de profesores de Educación Secundaria en la especialidad de Matemáticas. En él, el opositor podrá encontrar más de cien problemas resueltos minuciosamente y más de ciento cincuenta problemas propuestos de todas las áreas, a saber, números, álgebra, análisis, geometría, estadística y probabilidad. La mayoría de ellos han sido problemas de oposición en las diferentes comunidades autónomas en años anteriores.

El principal objetivo de este manuscrito es que el lector disponga de un amplio abanico de problemas que le permitan prepararse de manera eficaz para la prueba más decisiva de las oposiciones, la fase práctica. De ahí que se haya realizado especial énfasis en la resolución de los problemas de una manera clara, concisa y rigurosa.

BLOQUE 1 – Números

Inducción

Problema 1 – (Ceuta 2018) – Demuestra que, para todo número natural $n \geq 1$, $4^{n+1} + 5^{2n-1}$ es múltiplo de 21.

Solución: Para $n = 1$ tenemos que $4^{1+1} + 5^{2 \cdot 1 - 1} = 16 + 5 = 21$.

Supongamos que la propiedad es cierta para un número natural $n \geq 1$, es decir, $4^{n+1} + 5^{2n-1} = 21 \cdot k$ para algún $k \in \mathbb{N}$. Comprobemos que también se cumple para $n + 1$:

$$4^{n+2} + 5^{2n+1} = 4 \cdot 4^{n+1} + 25 \cdot 5^{2n-1}$$
$$= (25 - 21) \cdot 4^{n+1} + 25 \cdot 5^{2n-1}$$
$$= 25 \cdot (4^{n+1} + 5^{2n-1}) - 21 \cdot 4^{n+1}$$

Ahora aplicamos la hipótesis de inducción a la expresión del paréntesis y

$$4^{n+2} + 5^{2n+1} = 25 \cdot 21k - 21 \cdot 4^{n+1} = 21 \cdot (25k - 4^{n+1})$$

Luego, efectivamente, se trata de un múltiplo de 21 y la propiedad es cierta para todo $n \in \mathbb{N}$.

Problema 2 – Demuestra que, para todo número natural $n \geq 1$, se verifica que $4^n > n^2$.

Solución: Para $n = 1$ se cumple la desigualdad, pues $4^1 = 4 > 1 = 1^2$.

Ahora supongamos que es cierta para un número natural $n \geq 1$. Veamos que se verifica para $n + 1$:

$$4^{n+1} = 4 \cdot 4^n > 4n^2 = (2n)^2 = (n+n)^2 \geq (n+1)^2$$

Por lo tanto, por el principio de inducción, la desigualdad es cierta para todo $n \in \mathbb{N}$.

Problema 3 – Demostrar que $n^2 - 1$ es múltiplo de 8 si n es un número natural impar.

Solución: Fácilmente podemos comprobar la veracidad del enunciado para los primeros números impares.

- ✓ Si $n = 1$, entonces $1 - 1 = 0$.
- ✓ Si $n = 3$, entonces $3^2 - 1 = 8$.

Supongamos que es cierto para un número impar n. Esto es $n^2 - 1 = 8k$ con $n = 2m + 1$ por ser impar. Nótese que, al querer probar el enunciado para los números impares, no hemos de estudiar el caso $n + 1$, sino el $n + 2$, ya que éste será el siguiente número impar. En este sentido, tenemos lo siguiente:

$$(n+2)^2 - 1 = n^2 + 4n + 4 - 1 = 8k + 4 \cdot (n+1)$$

Además, si utilizamos que $n = 2m + 1$,

$$8k + 4 \cdot (n+1) = 8k + 4 \cdot (2m+2) = 8k + 8 \cdot (m+1)$$
$$= 8 \cdot (k + m + 1)$$

En definitiva, $(n+2)^2 - 1 = 8 \cdot (k + m + 1)$ y, por ende, el enunciado es cierto para todo número impar.

Problema 4 – Determina los valores de $n \in \mathbb{N}$ que verifican la desigualdad $2^n > n^2 + 4n + 5$.

Solución: Si analizamos la desigualdad para los primeros valores de n, vemos que ésta no se cumple hasta $n = 7$ ($2^7 = 128 > 82 = 7^2 + 4 \cdot 7 + 5$). De ahí que tengamos que aplicar el *método de inducción desplazada*. Dicho método se basa en aplicar la inducción a un valor $n \neq 1$ de forma que el resultado será cierto para todos los naturales mayores que dicho n. En nuestro caso supongamos que la desigualdad es cierta para $n \geq 7$ y estudiemos qué ocurre para $n + 1$:

$$(n + 1)^2 + 4(n + 1) + 5 = n^2 + 2n + 1 + 4n + 4 + 5$$
$$< 2^n + 2n + 5$$

A su vez, podemos ver por inducción desplazada que $2n + 5 < 2^n$ para $n \geq 7$ (en realidad se cumple para $n \geq 4$, pero en nuestro problema sólo nos interesan los valores mayores o iguales que 7).

$$2(n + 1) + 5 = 2n + 5 + 2 < 2^n + 2 < 2^n + 2^n = 2^{n+1}$$

De esta forma, podemos recuperar la relación anterior

$$(n + 1)^2 + 4(n + 1) + 5 < 2^n + 2n + 5 < 2^n + 2^n = 2^{n+1}$$

Luego la desigualdad es cierta para todos los naturales $n \geq 7$.

Problemas propuestos:

Propuesto 1 – Demuestra que $\sum_{k=1}^{n} k = \frac{n(n+1)}{2}$.

Propuesto 2 – Demuestra que $\sum_{k=1}^{n} k^2 = \frac{n(n+1)(2n+1)}{6}$.

Propuesto 3 – Demuestra la desigualdad de Bernoulli: Para todo entero positivo n se verifica que $(1 + x)^n > 1 + nx$ siendo $x \neq 0$ y $x > -1$.

Propuesto 4 – Demuestra que

$$sen\frac{x}{2}[sen\, x + sen\, 2x + \cdots + sen\, nx]$$
$$= sen\frac{nx}{2} \cdot sen\frac{(n+1)x}{2}$$

Propuesto 5 – Demuestra que para todo $n \in \mathbb{N}$, $11^n - 4^n$ es múltiplo de 7.

Propuesto 6 – Demuestra que para todo $n \in \mathbb{N}$, $n(n^2 - 1)(3n + 2)$ es múltiplo de 24.

Propuesto 7 – Demuestra que si F_i son los números de la sucesión de Fibonacci ($F_1 = 1, F_2 = 1, F_n = F_{n-1} + F_{n-2}$), entonces se cumple:

a) $F_1 + F_2 + \cdots + F_n = F_{n+2} - 1$.
b) $F_1 + F_3 + \cdots + F_{2n-1} = F_{2n}$.
c) $F_2 + F_4 + \cdots + F_{2n} = F_{2n+1} - 1$

Sistemas de numeración

Problema 1 – **(C. Valenciana 2006)** Hallar la base de numeración en la que está bien hecha la operación $3753_{(x} - 3586_{(x} = 189_{(x}$.

Solución: Expresamos cada uno de los números de la operación dada en base 10 utilizando su descomposición polinómica:

$$3 \cdot x^3 + 7 \cdot x^2 + 5 \cdot x + 3 - 3 \cdot x^3 - 5 \cdot x^2 - 8 \cdot x - 6$$
$$= x^2 + 8 \cdot x + 9$$

Así, el problema se reduce a resolver la ecuación $x^2 - 11x - 12 = 0$, que tiene por solución $x_1 = 12$ y $x_2 = -1$. Por tratarse de una base de numeración debemos descartar la solución negativa. Por lo tanto, la base buscada es $x = 12$.

Problema 2 – **(Canarias 2006)** Determina la base del sistema de numeración, n, en la que los números $123_{(n}$, $140_{(n}$ y $156_{(n}$ están en progresión aritmética.

Solución: Comenzamos escribiendo la expresión polinómica de los números:

$$123_{(n} = n^2 + 2n + 3; \quad 140_{(n} = n^2 + 4n;$$

$$156_{(n} = n^2 + 5n + 6$$

Ahora, obsérvese que los números estarán en progresión aritmética si la diferencia de dos términos consecutivos es la misma, es decir, si se verifica que $156_{(n} - 140_{(n} = 140_{(n} - 123_{(n}$. Por lo tanto, es cuestión de resolver la ecuación $(n^2 + 5n + 6) - (n^2 + 4n) = (n^2 + 4n) - (n^2 + 2n + 3)$, cuya solución es $n = 9$.

Problema 3 – Demuestra que los números 10101, 101010101, 1010101010101, ... no son primos en cualquier sistema de numeración.

Solución: Veamos que dichos números son compuestos en todos los sistemas de numeración. En una base genérica x, su descomposición polinómica será

$$10101_{(x} = x^4 + x^2 + 1$$

$$101010101_{(x} = x^8 + x^6 + x^4 + x^2 + 1$$

$$1010101010101_{(x} = x^{12} + x^{10} + \cdots + x^2 + 1$$

Observando las descomposiciones es sencillo percatarse de que los números de esa forma los podemos expresar como $N_n = 1 + x^2 + \cdots + x^{4n}$. Ahora bien, podemos interpretar la descomposición como la suma de los términos de una progresión geométrica de razón $r = x^2$. De esta forma,

$$N_n = 1 + x^2 + \cdots + x^{4n} = \frac{x^{4n} \cdot x^2 - 1}{x^2 - 1} = \frac{x^{2(2n+1)} - 1}{x^2 - 1}$$
$$= \frac{(x^{2n+1} + 1)(x^{2n+1} - 1)}{x^2 - 1}$$

A continuación, podemos desarrollar los factores del numerador utilizando la ecuación ciclotómica (en el caso de $x^{2n+1} + 1$, podemos utilizarla por ser el exponente impar para cualquier valor de n):

$$N_n = \frac{(x-1) \cdot (x^{2n} + x^{2n-1} + \cdots + x + 1)(x+1)(x^{2n} - x^{2n-1} \pm \cdots + 1)}{(x+1)(x-1)}$$

Y si simplificamos,

$$N_n = (x^{2n} + x^{2n-1} + \cdots + x + 1) \cdot (x^{2n} - x^{2n-1} + - \cdots + 1)$$

En definitiva, hemos expresado dichos números como producto de otros dos distintos de 1 y, por ende, los números no son primos.

Problema 4 – Demuestra que 1331 es un cubo en cualquier sistema de numeración cuya base sea mayor que 3.

Solución: Denotemos por x a la base del sistema. De esta forma,

$$1331_{(x} = x^3 + 3x^2 + 3x + 1 = (x+1)^3$$

Por consiguiente, se trata de un cubo perfecto. Además, hay que exigir $x > 3$ para que el 3 sea una cifra en el sistema de numeración correspondiente y tenga sentido escribir el número 1331.

Problemas propuestos:

Propuesto 1 – Determina la base del sistema en que $311_{(x} = 34_{x^2}$

Propuesto 2 – Demuestra que, en cualquier sistema de numeración, 1367631 es un cubo perfecto.

Propuesto 3 – Halla la base en la que los números $14_{(x}$, $106_{(x}$ y $542_{(x}$ están en progresión geométrica.

Propuesto 4 – Encontrar todos los naturales del sistema decimal que se escriben con tres cifras en base 7 y con las mismas cifras invertidas en base 9.

Divisibilidad y congruencias

Problema 1 – Resuelve la ecuación $3x \equiv 4 \bmod 7$.

Solución: En primer lugar, multiplicamos por dos para, a posteriori, utilizar que $6 \equiv -1 \bmod 7$:

$$6x \equiv 8 \bmod 7 \iff -x \equiv 1 \bmod 7 \iff x \equiv -1 \bmod 7 \iff x \equiv 6 \bmod 7$$

Problema 2 – **(Castilla La Mancha 2018)** Probar que para todo número natural n se verifica que $(n^2 - 1)(n^2 + 1)(n^4 - 16)n^2 \equiv 0 \bmod 600$.

Solución: Comenzamos factorizando las identidades notables de la expresión. De esta forma, el problema es equivalente a demostrar que

$$(n-2)(n-1)n(n+1)(n+2)n(n^2+1)(n^2+4) \equiv 0 \bmod 600$$

Obsérvese que los cinco primeros factores son números consecutivos. Por lo tanto, siempre habrá un múltiplo de 2, 3, 4 y 5 entre ellos, es decir,

$$(n-2)(n-1)n(n+1)(n+2) \equiv 0 \bmod (2 \cdot 3 \cdot 4 \cdot 5) \equiv 0 \bmod 120$$

Ahora bien, al ser $600 = 120 \cdot 5$ y los primeros factores múltiplos de 120, es suficiente con demostrar que $n(n^2 + 1)(n^2 + 4) \equiv 0 \bmod 5$. Para ello construimos una tabla de restos módulo 5:

n	0	1	2	3	4
$n(n^2+1)(n^2+4)$	0	10	80	390	1360
$\mod 5$	0	0	0	0	0

Problema 3 – (Ceuta 2018) Probar que $4^{n+1} + 5^{2n-1} \equiv 0 \mod 21$ para todo $n \in \mathbb{N}$.

Solución: Al ser $21 = 3 \cdot 7$, si demostramos que $4^{n+1} + 5^{2n-1}$ es múltiplo de 3 y 7 para todo $n \in \mathbb{N}$, tendremos garantizado el enunciado del problema.

Comenzamos estudiando la congruencia módulo 3:

- ✓ $4^{n+1} \equiv 1^{n+1} \mod 3 \implies 4^{n+1} \equiv 1 \mod 3$.
- ✓ $5 \equiv -1 \mod 3 \implies 5^{2n-1} \equiv (-1)^{2n-1} \mod 3 \implies 5^{2n-1} \equiv -1 \mod 3$.

Sumando ambas expresiones obtenemos que $4^{n+1} + 5^{2n-1} \equiv 0 \mod 3$.

Por otro lado, factorizando el 4 y usando que $5 \equiv -2 \mod 7$, se sigue

$$4^{n+1} + 5^{2n-1} \equiv 2^{2n+2} + (-2)^{2n-1} \mod 7$$
$$\equiv 2^{3+2n-1} - 2^{2n-1} \mod 7$$

Sacamos 2^{2n-1} factor común:

$$4^{n+1} + 5^{2n-1} \equiv 2^{2n-1} \cdot (2^3 - 1) \mod 7$$
$$\equiv 2^{2n-1} \cdot 7 \mod 7 \equiv 0 \mod 7$$

En definitiva, $4^{n+1} + 5^{2n-1} \equiv 0 \mod 21$.

Problema 4 – (Baleares 2006) Sean a, b, c, d números enteros. Demuestra que el producto $abcd(a^2-b^2)(a^2-c^2)(a^2-d^2)(b^2-c^2)(b^2-d^2)(c^2-d^2)$ es divisible por 7.

Solución: En primer lugar, si alguno de los números enteros a, b, c, d fuera múltiplo de 7, el producto del enunciado también lo sería, pues multiplicamos por dichos números. Además, los cuatro números deben ser diferentes, pues en caso contrario alguna de las diferencias de los cuadrados se anularía y el producto sería 0. En este sentido, suponemos que los cuatro números son distintos y no divisibles por 7.

En segundo lugar, si desarrollamos las identidades notables de los paréntesis, aparecen las sumas y diferencias de los cuatro números anteriores. A continuación, realizamos la tabla correspondiente a sumar módulo 7:

	1	2	3	4	5	6
1	2	3	4	5	6	0
2	3	4	5	6	0	1
3	4	5	6	0	1	2
4	5	6	0	1	2	3
5	6	0	1	2	3	4
6	0	1	2	3	4	5

Obsérvese que si tomamos cuatro cualesquiera de ellos, el cero siempre aparece en sus sumas y, por ende, el producto siempre será múltiplo de 7.

Problema 5 – (Castilla La Mancha 2006) Demuestre que la diferencia $(27^4)^9 - (25^3)^6$ es múltiplo de 37.

Solución: Por un lado, $(27^4)^9 = 27^{36}$. De esta forma, como 37 es primo y no divide a 27, por el Pequeño Teorema de Fermat $27^{36} \equiv 27^{37-1} \equiv 1 \bmod 37$.

Por otro lado, $(25^3)^6 = (5^2)^{18} = 5^{36}$ y de manera análoga, por no dividir 37 a 5 tenemos que $(25^3)^6 \equiv 1 \bmod 37$.

En definitiva, restando ambas expresiones

$$(27^4)^9 - (25^3)^6 \equiv 1 - 1 \bmod 37 \equiv 0 \bmod 37$$

Problema 6 – (Extremadura 2006) Sean $n \in \mathbb{N}$ y $A_n = 2^n + 2^{2n} + 2^{3n}$.

    a) Demuestre que, sea cual sea n, A_{n+3} es congruente con A_n módulo 7.

    b) Encuentre los valores de n para los que A_n es divisible por 7 y aplique este resultado para averiguar si los números que en el sistema binario se escriben 1110, 1010100 y 1001001000 son divisibles por 7.

Solución: a) Demostrar que $A_{n+3} \equiv A_n \bmod 7$ es equivalente a probar que $A_{n+3} - A_n \equiv 0 \bmod 7$. Veámoslo:

$$A_{n+3} - A_n = 2^{n+3} + 2^{2n+6} + 2^{3n+9} - 2^n - 2^{2n} - 2^{2n}$$

Agrupando los términos se obtiene que los coeficientes de las potencias de dos son múltiplos de 7, de donde se sigue el resultado:

$$A_{n+3} - A_n = 7 \cdot 2^n + 63 \cdot 2^{2n} + 511 \cdot 2^{3n} \equiv 0 \bmod 7$$

b) Si calculamos los primeros valores de A_n, obtenemos que $A_1 = 7 \cdot 2$; $A_2 = 7 \cdot 12$; y $A_3 = 584$, que no es múltiplo de 7. Además, por el apartado anterior, tenemos $A_{3k+1} \equiv A_1 \bmod 7 \equiv 0 \bmod 7$; $A_{3k+2} \equiv A_2 \bmod 7 \equiv 0 \bmod 7$ y $A_{3k} \equiv A_3 \bmod 7 \equiv 3 \bmod 7$.

En definitiva, $A_n \equiv 0 \bmod 7$, para todos los valores de n que no sean múltiplos de 3.

Por último, veamos si 1110, 1010100 y 1001001000 son divisibles por 7 en base 2. Para ello utilizaremos su descomposición polinómica:

$$1110 = 2 + 2^2 + 2^3;\ 1010100 = 2^2 + 2^4 + 2^6 \text{ y}$$
$$1001001000 = 2^3 + 2^6 + 2^9$$

Por lo tanto, utilizando el resultado anterior, los dos primeros sí son múltiplos de 7, pues se corresponden con A_1 y A_2, mientras que el tercero, que es A_3, no es divisible por 7.

Problema 7 – Calcular las dos últimas cifras de 3^{1492}.

Solución: Para calcular las dos últimas cifras debemos resolver la ecuación

$$3^{1492} \equiv x \bmod 100$$

Por el Teorema de Euler, al ser $mcd(3,100) = 1$, sabemos que

$$3^{\phi(100)} \equiv 1 \bmod 100$$

Al ser $100 = 2^2 \cdot 5^2$, se sigue que $\phi(100) = 100 \cdot \left(1 - \frac{1}{2}\right) \cdot \left(1 - \frac{1}{5}\right) = 40$. Luego $3^{40} \equiv 1 \bmod 100$. Por otro lado, $1492 = 40 \cdot 37 + 12$. De ahí,

$$3^{1492} = 3^{40 \cdot 37 + 12} \equiv 3^{12} \equiv (3^4)^3 \equiv 81^3 \equiv 693441$$
$$\equiv 41 \bmod 100$$

En conclusión, las dos últimas cifras son 41.

Problema 8 – Prueba que 437 es divisor de $18! + 1$.

Solución: Utilizaremos que $437 = 19 \cdot 23$. Por un lado, por el Teorema de Wilson se sigue que $18! \equiv -1 \bmod 19$. Por otro lado, también por dicho teorema, $22! \equiv -1 \bmod 23$. Ahora usaremos que $22! = 22 \cdot 21 \cdot 20 \cdot 19 \cdot 18!$:

$$22 \cdot 21 \cdot 20 \cdot 19 \cdot 18! \equiv -1 \bmod 23$$
$$\Rightarrow (-1) \cdot (-2) \cdot (-3) \cdot (-4) \cdot 18!$$
$$\equiv -1 \bmod 23$$

Por ende,

$$24 \cdot 18! \equiv -1 \bmod 23 \implies 18! \equiv -1 \bmod 23$$

En resumen, $18! + 1 \equiv 0 \bmod 19$ y $18! + 1 \equiv 0 \bmod 23$ y, por consiguiente, $18! + 1 \equiv 0 \bmod 437$.

Problemas propuestos:

Propuesto 1 – Resuelve la ecuación $7x \equiv 6 \bmod 100$.

Propuesto 2 – Calcula el resto de dividir 3^{42} y 43^{25} entre 11.

Propuesto 3 – Calcula el resto de dividir 20^{4572} entre 7.

Propuesto 4 – Halla el último dígito de 3^{5^4}.

Propuesto 5 – Demuestra que la última cifra de $2^{2^n} + 1$ es 7 para todo $n > 1$.

Propuesto 6 – Determina el resto de dividir 2^{300000} entre 7.

Propuesto 7 – Sea $n \in \mathbb{N}$. Prueba que $3^n \equiv 1 \bmod 8$ si n es par y $3^n \equiv 3 \bmod 8$ si n es impar. Además, demuestra que $3^n + 7^n - 2$ es múltiplo de 8.

Propuesto 8 – Halla la última cifra de 1997^{1997}.

Propuesto 9 – Demuestra que $2^{70} + 3^{70}$ es divisible por 13.

Propuesto 10 – Halla los números naturales n tales que $1324 \equiv 2034 \bmod n$.

Propuesto 11 – Demuestra que $n^{25} - n$ es múltiplo de 30 para cualquier natural n.

Propuesto 12 – Prueba que $2^{2^{6k+2}} + 3$ es múltiplo de 19 para todo $k \geq 1$.

Propuesto 13 – **(Murcia 2002)** Demuestra que para todo natural n se cumple que $2903^n - 803^n - 464^n + 261^n$ es divisible por 1897.

Números enteros

Problema 1 – (Canarias 2006) Un número natural tiene dos factores primos y ocho divisores naturales. La suma de sus divisores es 320. Determine dicho número.

Solución: Al tratarse de un número natural con dos factores primos, $N = a^x \cdot b^y$.

Por un lado, aplicando la fórmula que nos proporciona la cantidad de divisores de un número, sabemos que $8 = (x+1) \cdot (y+1)$. Luego, $x = 3; y = 1$ y el número en cuestión tendrá la forma $N = a^3 \cdot b$.

Por otro lado, aplicamos la fórmula de la suma de los divisores de un número:

$$(1 + a + a^2 + a^3) \cdot (1 + b) = 320 = 2^6 \cdot 5$$

Si $b = 2$, tendríamos que $1 + b = 3 | 320$, llegando así a una contradicción. De ahí, $1 + b \geq 4$ y, por ende, $1 + a + a^2 + a^3 \leq 80$. Ahora bien, los únicos primos que satisfacen tal desigualdad son $a = 2$ y $a = 3$. En el primer caso, tendríamos que $1 + a + a^2 + a^3 = 15$, el cual no divide a 320. Consecuentemente, $a = 3$, de donde se sigue $1 + a + a^2 + a^3 = 40 | 320$ y, por consiguiente, $b + 1 = 8$.

En definitiva, $N = 3^3 \cdot 7 = 189$.

Problema 2 – (Andalucía 2016) Resuelve razonadamente las siguientes cuestiones de divisibilidad:

a) En una batalla en la que participaron entre 10000 y 11000 soldados fallecieron los $\frac{23}{165}$ del total y resultaron heridos los $\frac{35}{143}$ del total. ¿Cuántos soldados resultaron ilesos?

b) Determine el número natural $2^m \cdot 5^n$, siendo m, n números enteros positivos, sabiendo que la suma de sus divisores es 961.

Solución: a) Denotamos por N al número de participantes en la batalla. Como la cantidad de fallecidos y heridos debe ser un número entero, forzosamente N tiene que ser múltiplo de 165 y de 143. De ahí que calculemos el mínimo común múltiplo de dichos números:

$$m.c.m.(165, 143) = 3 \cdot 5 \cdot 11 \cdot 13 = 2145$$

Ahora buscamos un múltiplo de 2145 que esté entre 10000 y 11000. El único es $5 \cdot 2145 = 10725$.

De esta forma, una vez conocido el número total de soldados, es sencillo calcular el número de ilesos:

$$10725 - \frac{23}{165} \cdot 10725 - \frac{35}{143} \cdot 10725$$
$$= 10725 - 1495 - 2625 = 6605$$

En definitiva, 6605 soldados resultaron ilesos.

b) Utilizamos la fórmula para obtener la suma de todos los divisores de un número:

$$961 = \frac{2^{n+1} - 1}{2 - 1} \cdot \frac{5^{m+1} - 1}{5 - 1}$$

Nótese que $961 = 31^2$, luego las únicas descomposiciones que admite son $31 \cdot 31$ o $961 \cdot 1$. Ahora bien, la segunda de ellas no puede darse, pues $n, m \neq 0$. Por lo tanto, igualando los factores anteriores a 31, obtenemos que

$$2^{n+1} - 1 = 31 \Longrightarrow 2^{n+1} = 32 \Longrightarrow n = 4$$

$$5^{m+1} - 1 = 31 \cdot 4 \Longrightarrow 5^{m+1} = 125 \Longrightarrow m = 2$$

En consecuencia, $N = 2^4 \cdot 5^2 = 400$.

Problema 3 – Encontrar un número de la forma $aabb$ que sea cuadrado perfecto.

Solución: En primer lugar, descomponemos el número:

$$N = aabb = 1100a + 11b$$

Por lo tanto, $aabb = 11 \cdot (100a + b)$ y 11 es un divisor de N. Ahora bien, como N es un cuadrado perfecto, si $11|N^2$, se sigue que $11^2|N$ y, por ende, $11|N$.

Por otro lado, como $1000 \le N^2 \le 9999$, se sigue que $33 \le N \le 99$ y, $3 \le \frac{N}{11} \le 9$. De esta forma, podemos hacer una tabla para los distintos valores de $\frac{N}{11}$ y encontrar así la solución.

$N/11$	3	4	5	6	7	8	9
N	33	44	55	66	77	88	99
N^2	1089	1936	3025	4356	5929	7744	9801

Observando la tabla llegamos a que el número buscado (el que tiene la forma $aabb$) es $N = 7744$.

Problema 4 – Halla un número natural sabiendo que es múltiplo de 30 y que la suma de sus 16 divisores es 1440.

Solución: En primer lugar, al ser el número buscado un múltiplo de 30, su descomposición será de la forma $N = 2^x \cdot 3^y \cdot 5^z \cdot k$, con $k \in \mathbb{N}$.

En segundo lugar, utilizamos la fórmula de la cantidad de divisores de un número, $16 = (x + 1) \cdot (y + 1) \cdot (z + 1) \cdot m$, con $m \in \mathbb{N}$. Ahora, si aprovechamos las distintas descomposiciones del 16, tenemos cuatro casos posibles:

- ✓ $16 = 2 \cdot 2 \cdot 4 \Rightarrow N = 2 \cdot 3 \cdot 5^3 = 750$.
- ✓ $16 = 2 \cdot 4 \cdot 2 \Rightarrow N = 2 \cdot 3^3 \cdot 5 = 270$.
- ✓ $16 = 4 \cdot 2 \cdot 2 \Rightarrow N = 2^3 \cdot 3 \cdot 5 = 120$.
- ✓ $16 = 2 \cdot 2 \cdot 2 \cdot 2 \Rightarrow N = 2 \cdot 3 \cdot 5 \cdot k = 30 \cdot k$.

Por último, aplicamos la fórmula de la suma de los divisores de un número en cada uno de los casos anteriores.

- ✓ $N = 2 \cdot 3 \cdot 5^3 \Rightarrow S = (1 + 2) \cdot (1 + 3) \cdot (1 + 5 + 25 + 125) = 1872$.
- ✓ $N = 2 \cdot 3^3 \cdot 5 \Rightarrow S = (1 + 2) \cdot (1 + 3 + 9 + 27) \cdot (1 + 5) = 720$.
- ✓ $N = 2^3 \cdot 3 \cdot 5 \Rightarrow S = (1 + 2 + 4 + 8) \cdot (1 + 3) \cdot (1 + 5) = 360$.

Como ninguna de las sumas es 1440, la descomposición buscada tiene que ser la última. En este sentido, aplicamos la fórmula de la suma y forzamos su valor.

$$N = 2 \cdot 3 \cdot 5 \cdot k \Rightarrow S = (1 + 2) \cdot (1 + 3) \cdot (1 + 5) \cdot (1 + k) = 1440 \Rightarrow k = 19$$

Nótese que es válido por ser un número primo.

En conclusión, $N = 2 \cdot 3 \cdot 5 \cdot 19 = 570$.

Problemas propuestos:

Propuesto 1 – Halla un número que tiene 24 divisores, su mitad 18 y su triple 28.

Propuesto 2 – Determina un número de cuatro cifras que sea igual al cubo de la suma de sus cifras.

Propuesto 3 – **(Baleares 2002)** Demostrar que el número $N = \dfrac{5^{125}-1}{5^{25}-1}$ es compuesto.

Propuesto 4 – Encontrar un número con 15 divisores tal que a suma de ellos sea 1767.

Propuesto 5 – Un número entero tiene 12 divisores y 3 factores primos, cuya suma es 20. Determina el menor número que verifique tal condición.

Propuesto 6 – Calcula un cuadrado perfecto de cinco cifras de manera que el producto de dichas cifras sea 1568.

Propuesto 7 – Determinar todos los pares de números naturales (a, b) tales que $m.c.d.(a, b) = 18$ y $m.c.m.(a, b) = 540$.

Propuesto 8 – **(Asturias 2018)** Se define un número perfecto como aquél que es igual a la suma de todos sus divisores excepto él mismo. Demostrar que:

a) Los números pares perfectos son de la forma $2^{p-1} \cdot (2^p - 1)$ con $2^p - 1$ número primo y $p > 1$.
b) Si $2^p - 1$ es un número primo, entonces p también es primo.
c) Los números pares perfectos sólo pueden terminar en 6 u 8.
d) La suma de los inversos de los divisores de un número perfecto par es igual a 2.

Propuesto 9 – **(País Vasco 2018)** Sea p un número primo. Determinar todos los números $k \in \mathbb{Z}$ tales que $\sqrt{k^2 - kp}$ sea un entero no negativo.

Propuesto 10 – **(Andalucía 1998)** Hallar dos números enteros tales que su máximo común divisor sea 120 y la diferencia de sus cuadrados sea 345600.

Ecuaciones diofánticas

Problema 1 – ¿Podemos llenar el depósito de un coche de 35 litros de manera exacta con bidones de 6 litros y 4 litros?

Solución: La ecuación diofántica correspondiente al problema es $6x + 4y = 35$, donde x e y representan la cantidad de bidones de 6 litro y 4 litros respectivamente.

Como $mcd(6,4) = 2$ y éste no divide a 35, el problema no tiene solución.

Problema 2 – Calcula las soluciones enteras de $14x + 10y = 4$.

Solución: En primer lugar, comprobamos si la ecuación tiene soluciones enteras. En este caso, como $mcd(14,10) = 2|4$, sí que hay solución.

Dividimos la ecuación entre el máximo común divisor para simplificarla:

$$7x + 5y = 2$$

Es sencillo comprobar que $x_0 = 1$ e $y_0 = -1$ es una solución particular de la ecuación. Por lo tanto, la solución general viene dada por:

$$\begin{cases} x = 1 + 5 \cdot t \\ y = -1 - 7 \cdot t \end{cases}$$

Problema 3 – **(Extremadura 2018)** Estando en Estados Unidos el señor Martínez cambió un cheque de viaje. El cajero al pagarle confundió el número de dólares con los centavos y viceversa. El señor Martínez gastó 68 centavos en sellos y comprobó que el dinero que le quedaba era el doble del importe del cheque de viaje que había cambiado. ¿Qué valor mínimo tenía el cheque de viaje?

Solución: Comenzamos planteando la ecuación diofántica que describe el problema. Para ello tenemos en cuenta que 1 dólar son 100 centavos:

$$100y + x - 68 = 2 \cdot (100x + y)$$

o, equivalentemente, $199x - 98y = -68$. Nótese que $mcd(199,98) = 1|-68$, por lo que tenemos garantizada la existencia de soluciones enteras.

Consideramos la ecuación simplificada $199x - 98y = 1$. Al final, una vez tengamos las soluciones, tendremos que multiplicar por -68 para obtener las soluciones del problema original.

A continuación, utilizamos el Algoritmo de Euclides para obtener una solución particular de la ecuación:

$$199 = 2 \cdot 98 + 3 \Longrightarrow 3 = 199 - 2 \cdot 98$$

$$98 = 3 \cdot 32 + 2 \Longrightarrow 2 = 98 - 3 \cdot 32$$

$$3 = 2 \cdot 1 + 1 \Longrightarrow 1 = 3 - 2 \cdot 1$$

Por lo tanto,

$$1 = 3 - 2 \cdot 1 = 3 - (98 - 3 \cdot 32) \cdot 1 = -98 + 33 \cdot 3$$
$$= -98 + 33 \cdot (199 - 2 \cdot 98)$$

Es decir, $-67 \cdot 98 + 33 \cdot 199 = 1$ y, por consiguiente, $x_0 = -67$, $y_0 = 33$ es una solución particular de la ecuación reducida. De ahí, $x_0 = -67 \cdot (-68) = -2444$, $y_0 = 33 \cdot (-68) = -4556$ es una solución particular del problema original. Luego, la solución general del problema viene dada por

$$\begin{cases} x = -2244 + 98 \cdot t \\ y = -4556 + 199 \cdot t \end{cases}$$

Finalmente, imponemos que $x, y \geq 0$, pues las cantidades deben ser positivas.

$$\begin{cases} -2244 + 98 \cdot t \geq 0 \\ -4556 + 199 \cdot t \geq 0 \end{cases} \Longrightarrow \begin{cases} t \geq 22.9 \\ t \geq 22.87 \end{cases}$$

En definitiva, el valor mínimo se obtiene para $t = 23$, de donde obtenemos que $x = 10$ e $y = 21$.

Problema 4 – Determina todas las soluciones positivas de la ecuación $43x + 7y + 17z = 400$.

Solución: Comencemos destacando que los coeficientes de la ecuación son coprimos, por lo que su máximo común divisor divide al término independiente.

A continuación, despejamos, $7y + 17z = 400 - 43x$ y resolvemos la ecuación simplificada $7y + 17z = 1$. En este caso, es fácil hallar la solución particular $y = 5$, $z = -2$. De ahí, la solución general será

$$\begin{cases} y = 5 + 17 \cdot t \\ z = -2 - 7 \cdot t \end{cases}$$

Multiplicamos por $400 - 43x$ para obtener la solución general de la ecuación original con $x, t \in \mathbb{R}$:

$$\begin{cases} y = 5 \cdot (400 - 43x) + 17 \cdot t = 2000 - 215x + 17t \\ z = -2 \cdot (400 - 43x) - 7 \cdot t = -800 + 86x - 7t \end{cases}$$

Al pedirnos las soluciones positivas, $0 \leq x \leq 9$, pues en caso contrario, $400 - 43x < 0$. Luego únicamente tenemos que darle a x los valores enteros entre 0 y 9 para obtener todas las soluciones posibles.

Problemas propuestos:

Propuesto 1 – Obtener, cuando sea posible, las soluciones generales de las siguientes ecuaciones diofánticas.

a) $7x + 10y = 23$
b) $-6x + 18y = 39$
c) $30x + 40y = 5$
d) $216x + 375y = 28$

Propuesto 2 – Un granjero compra caballos y ovejas, pagando 1770 euros. Si un caballo cuesta 31 euros y una oveja 21 euros, ¿cuántos caballos y ovejas ha comprado?

Propuesto 3 – Determina el menor entero positivo a, tal que la ecuación $1001x + 770y = 10^6 + a$ tenga soluciones naturales.

Además, para dicho valor de a, determinar el número de soluciones naturales.

Propuesto 4 – **(Galicia 2018)** Una persona ha comprado entradas para el cine para personas adultas a 640 unidades monetarias cada una y para menores de edad a 330 unidades monetarias cada una. Sabiendo que invirtió 7140 unidades monetarias en la compra y que compró menos entradas de adultos que de menores, hallar el número de entradas de cada tipo que adquirió.

Propuesto 5 – Un granjero compra vacas, cerdos y pollos. En total compra 100 animales por 100 euros. Si hay al menos un animal de cada tipo, una vaca cuesta 10€, un cerdo 3€ y un pollo 0.5€, ¿cuántos animales de cada tipo compró?

Propuesto 6 – Resuelve el siguiente sistema de ecuaciones diofánticas:
$$\begin{cases} 7x - 5y + 8z = 15 \\ 2x + 3y + 6z = -1 \end{cases}$$

Propuesto 7 – Un profesor reparte 470 caramelos en un aula de 31 alumnos de forma que cada niña recibe siete caramelos más que cada niño. Un cierto grupo tiene 74 caramelos. ¿Cuántos niños y niñas forman este grupo?

Propuesto 8 – Manuel compra ejemplares de dos libros para su librería, uno a 11€, y otro a 17€. Si se gasta 1000€ en todos los ejemplares, ¿cuántos libros compró de cada tipo?

Números complejos

Problema 1 – **(Cantabria 2018)** Los afijos de z_i, $i = 1, \dots 6$, son los vértices consecutivos de un hexágono regular. Sabiendo que $z_1 = 0$ y $z_4 = 4 + 6i$, determinar z_2, z_3, z_5 y z_6.

Solución: Nótese que z_1 y z_4 son dos vértices opuestos del hexágono. Por lo tanto, el centro del mismo será el punto medio del segmento que determinan sus afijos. Esto es, $z = \frac{z_1+z_4}{2} = 2 + 3i$.

Por otro lado, si tomamos el afijo de z_1 como referencia, podemos obtener todos los vértices mediante un giro de $\frac{\pi}{3} rad$ del vector que determinan z_1 y el centro z respecto de z. En este sentido,

$$z_2 = z + 1_{\frac{\pi}{3}} \cdot (z_1 - z) = 2 + 3i + \left(\frac{1}{2} + \frac{\sqrt{3}}{2}i\right) \cdot (-2 - 3i)$$

y, de ahí, $z_2 = \frac{2+3\sqrt{3}}{2} + \left(\frac{3-2\sqrt{3}}{2}\right)i$.

Análogamente, $z_3 = z + 1_{\frac{\pi}{3}} \cdot (z_2 - z)$; $z_5 = z + 1_{\frac{\pi}{3}} \cdot (z_4 - z)$ y, por último, $z_6 = z + 1_{\frac{\pi}{3}} \cdot (z_5 - z)$. Tras realizar las operaciones correspondientes los afijos buscados son los siguientes: $z_3 = \frac{6+3\sqrt{3}}{2} + \left(\frac{9-2\sqrt{3}}{2}\right)i$; $z_5 = \frac{6-3\sqrt{3}}{2} + \left(\frac{9+2\sqrt{3}}{2}\right)i$; y $z_6 = \frac{2-3\sqrt{3}}{2} + \left(\frac{3+2\sqrt{3}}{2}\right)i$.

Problema 2 – (Andalucía 1998) Sea $z = e^{\frac{2\pi i}{7}}$ una raíz séptimo de la unidad. Calcular $1 + z + z^4 + z^9 + z^{16} + z^{25} + z^{36}$.

Solución: En primer lugar, destaquemos que $z^7 = 1$ por ser una raíz séptima de la unidad. De esta forma, la suma que nos piden calcular se puede simplificar, ya que, por ejemplo, $z^9 = z^7 \cdot z^2 = z^2$. En este sentido

$$1 + z + z^4 + z^9 + z^{16} + z^{25} + z^{36}$$
$$= 1 + z + z^4 + z^2 + z^2 + z^4 + z$$

y, por ende, es cuestión de calcular $1 + 2z + 2z^2 + 2z^4$.

Llamamos $S = 1 + 2z + 2z^2 + 2z^4$. Vamos a calcular su cuadrado y a simplificar la expresión resultante.

$$S^2 = (1 + 2z + 2z^2 + 2z^4)^2$$
$$= 1 + 4z + 8z^2 + 8z^3 + 8z^4 + 8z^5 + 8z^6 + 4z^8$$

Ahora bien, por ser $z^7 = 1$, tenemos que $z^8 = z$. De ahí,

$$S^2 = 1 + 8z + 8z^2 + 8z^3 + 8z^4 + 8z^5 + 8z^6$$

Escribimos $1 = 8 - 7$ y extraemos el 8 factor común,

$$S^2 = -7 + 8 \cdot (1 + z + z^2 + z^3 + z^4 + z^5 + z^6)$$

Nótese que podemos usar la fórmula ciclotómica para reescribir el paréntesis.

$$S^2 = -7 + 8 \cdot \frac{z^7 - 1}{x - 1}$$

De nuevo, como $z^7 = 1$, el segundo sumando se anula y $S^2 = -7$, es decir, $S = \sqrt{7}i$.

Problema 3 – (Cataluña 1998) Dado un número complejo $w \neq 0$, encontrar todos los números complejos de la forma

$$t = \frac{w + z}{w - z}, \quad z \in \mathbb{C}$$

con $t \neq 0$, tal que

a) t sea real.
b) t sea imaginario puro.

Solución: Denotemos $w = a + bi$, $z = x + yi$ y calculamos la expresión de t:

$$t = \frac{(a + x) + (b + y)i}{(a - x) + (b - y)i}$$

Multiplicamos y dividimos por el conjugado del denominador.

$$t = \frac{((a+x)+(b+y)i)\cdot((a-x)-(b-y)i)}{(a-x)^2+(b-y)^2}$$

Ahora desarrollamos el numerador y separamos la parte real de la imaginaria.

$$t = \frac{a^2-x^2+b^2-y^2}{(a-x)^2+(b-y)^2} + \frac{2ay-2xb}{(a-x)^2+(b-y)^2}i$$

Por un lado, para que t sea real necesitamos que la parte imaginaria se anule. Esto es, $2ay - 2xb = 0$. Lo que implica la condición $\frac{a}{b} = \frac{x}{y}$.

Por otro lado, para que t sea imaginario puro se debe anular la parte real. De ahí, $a^2 - x^2 + b^2 - y^2$, es decir, $x^2 + y^2 = a^2 + b^2$. Obsérvese que dicha relación iguala el cuadrado de los módulos de z y w. Por lo tanto, la condición que ha de verificarse es $|z| = |w|$.

Problema 4 – (Olimpiada Matemática – Fase Distrito) Demostrar que la ecuación $z^4 + 4(i+1)z + 1 = 0$ tiene una raíz en cada cuadrante del plano complejo.

Solución: Comenzamos demostrando la no existencia de raíces reales o de imaginarios puros.

- ✓ Si existiese una raíz real, $z = a \in \mathbb{R}$, se verificaría $a^4 + 4(i+1)a + 1 = 0$. Al igualar tanto la parte real como la imaginaria a cero obtenemos
$$\begin{cases} a^4 + 4a + 1 = 0 \\ 4a = 0 \end{cases}$$
La segunda igualdad implica $a = 0$, pero esto es una contradicción, ya que para dicho valor de a no se cumple la ecuación.
- ✓ Si existiese una raíz imaginaria pura $z = bi$, con $b \in \mathbb{R}$, se cumpliría que $(bi)^4 + 4(i+1)(bi) + 1 = 0$, es decir, $b^4 + 4bi + 1 - 4b = 0$. De manera análoga al

caso anterior, igualamos a cero la parte real y la imaginaria.

$$\begin{cases} b^4 - 4b + 1 = 0 \\ 4b = 0 \end{cases}$$

De nuevo llegamos a una contradicción al obtener $b = 0$.

A continuación, consideramos una solución compleja de la ecuación $a + bi \neq 0$. Sustituimos en la ecuación y desarrollamos.

$$(a + bi)^4 + 4(i + 1)(a + bi) + 1 = 0$$

$$(a^4 - 6a^2b^2 + b^4 + 4a - 4b + 1) + 4(a^3b - ab^3 + a + b)i = 0$$

Cuando igualamos a cero la parte imaginaria tenemos

$$a^3b - ab^3 + a + b = 0 \Rightarrow ab(a^2 - b^2) + a + b = (a + b)(a^2b - ab^2 + 1) = 0$$

Por un lado, si $a + b = 0$, se sigue que $b = -a$. Al sustituir en la ecuación que se obtiene de igualar la parte real a cero se sigue que $-4a^4 + 8a + 1 = 0$. Ahora aplicamos la regla de los signos de Descartes para garantizar la existencia de una raíz real negativa y otra raíz real positiva, a_1 y a_2, respectivamente. Por consiguiente, $a_1 - a_1 i$ y $a_2 - a_2 i$ son raíces de la ecuación original. Como a_1 es negativo, $a_1 - a_1 i$ pertenece al segundo cuadrante, mientras que $a_2 - a_2 i$ pertenece al cuarto por ser a_2 positivo.

Por otro lado, si $a^2b - ab^2 + 1 = 0$, resolvemos la ecuación de segundo grado considerando a la incógnita:

$$a = \frac{b^2 \pm \sqrt{b^4 - 4b}}{2b}$$

Así, distinguiendo casos, si $b < 0$, se cumple que $b^4 - 4b > b^4 > 0$, de donde concluimos que $a < 0$, pues

$\sqrt{b^4 - 4b} > b^2 \implies b^2 + \sqrt{b^4 - 4b} > 2b^2$. De esta forma, como $b < 0$

$$a = \frac{b^2 \pm \sqrt{b^4 - 4b}}{2b} < b < 0$$

En resumen, si $b < 0$, entonces $a < 0$ y la solución está en el tercer cuadrante.

Por el contrario, si $b > \sqrt[3]{4} > 0$ (exigimos que $b > \sqrt[3]{4}$ para que el discriminante sea positive y exista solución real), se sigue $0 < b^4 - 4b < b^4$. Luego $\sqrt{b^4 - 4b} < b^2$ y, por lo tanto,

$$0 < \frac{b^2 \pm \sqrt{b^4 - 4b}}{2b} = a$$

En definitiva, si $b > \sqrt[3]{4} > 0$, entonces $a > 0$ y la solución pertenece al primer cuadrante.

Problemas propuestos:

Propuesto 1 – (Olimpiada Matemática – Fase Distrito) Demostrar que los tres afijos de z_1, z_2 y z_3 forman un triángulo equilátero si y sólo si se verifica que $z_1^2 + z_2^2 + z_3^2 = z_1 z_2 + z_1 z_3 + z_2 z_3$.

Propuesto 2 – Determinar el lugar geométrico descrito por los afijos de z sabiendo que $\arg\left(\frac{z-2}{z+2}\right) = 30°$.

Propuesto 3 – Resolver $\left(\frac{1+xi}{1-xi}\right)^6 = \frac{3+4i}{3-4i}$.

Propuesto 4 – Considera los puntos $A(1,2)$ y $B(3,3)$. Determinar, como número complejo en forma binómica, los vértices de un triángulo equilátero con centro A sabiendo que B es uno de sus vértices.

Propuesto 5 – Dado $n \in \mathbb{N}$, se considera la ecuación $x^{2n} - 1 = 0$.

    a) Calcular sus soluciones en $\mathbb{C}$.

    b) Demostrar que para $x \neq \pm 1$ y $n > 1$ se cumple la identidad de Cotes:

$$\frac{x^{2n}-1}{x^2-1} = \left(x^2 - 2x\cos\frac{\pi}{n} + 1\right)\left(x^2 - 2x\cos\frac{2\pi}{n} + 1\right)\ldots\left(x^2 - 2x\cos\frac{(n-1)\pi}{n} + 1\right)$$

    c) Aplica la identidad de Cotes para determinar el producto

$$sen\frac{\pi}{2n} \cdot sen\frac{2\pi}{2n} \cdot \ldots \cdot sen\frac{(n-1)\pi}{2n}$$

Propuesto 6 – **(Murcia 1998)** Probar que la ecuación $z^4 - 5(1+i)z - 3 = 0$ no tiene ninguna solución en el cuarto cuadrante del plano complejo.

Propuesto 7 – **(Madrid 2014)** Calcula los siguientes productos con $n \in \mathbb{N}$, $n > 1$:

    a) $\prod_{k=1}^{n-1}\left(e^{\frac{2k\pi i}{n}} - 1\right)$ b) $\prod_{k=1}^{n-1} sen\frac{k\pi}{n}$

Propuesto 8 – Determinar la condición que deben cumplir los complejos a, b y c para que los afijos de la solución de la ecuación $az^2 + bz + c = 0$ formen un triángulo equilátero con el origen.

Propuesto 9 – Resuelve $5tg\, z = 2\, sen\, 2z + \frac{3}{\cos^2 z}$.

Propuesto 10 – Sean z_1, z_2, z_3 y z_4 cuatro números complejos tales que

    a) Los afijos de z_1, z_2, z_3 son los vértices de un triángulo equilátero.

b) $Re(z_1 + z_2 + z_3) = 12$.
c) $|z_4| = 1$, $z_4 \cdot z_1 = -1 + \sqrt{3}i$, $z_4 \cdot z_2 = -1 + 3\sqrt{3}i$.

Calcular z_1, z_2, z_3.

Combinatoria

Problema 1 – Dados los códigos ordenados de cinco letras entre las ochos: A, B, C, D, E, F, G, H (repetidas o no) se pide hallar:

a) Número total de códigos.
b) Número de códigos con una sola letra repetida dos veces.
c) Número de códigos con dos letras repetidas dos veces cada una.
d) Número de códigos con una letra repetida tres veces.
e) Número de códigos con una letra repetida tres veces y otra dos.
f) Número de códigos con una letra repetida cuatro veces.
g) Número de códigos con una letra repetida cinco veces.
h) Número de los que no están comprendidos entre los grupos anteriores.

Solución: a) $VR_8^5 = 8^5 = 32768$.

b) En primer lugar, elegimos la letra que se repite: $\binom{8}{1}$. Después, seleccionamos las otras tres letras que aparecerán en el código: $\binom{7}{3}$. Y por último, permutamos las cinco letras para obtener todos los casos posibles. En definitiva, el número de códigos viene dado por:

$$\binom{8}{1} \cdot \binom{7}{3} \cdot PR_5^{2,1,1,1} = 8 \cdot \frac{7!}{3!\, 4!} \cdot \frac{5!}{2!} = 16800$$

c) El razonamiento es análogo al caso anterior. En este sentido, el número de códigos será:

$$\binom{8}{2} \cdot \binom{6}{1} \cdot PR_5^{2,2,1} = \frac{8!}{2!\,6!} \cdot 6 \cdot \frac{5!}{2!\,2!} = 5040$$

d) De nuevo, el número de códigos viene determinado por:

$$\binom{8}{1} \cdot \binom{7}{2} \cdot PR_5^{3,1,1,1} = 8 \cdot \frac{7!}{2!\,5!} \cdot \frac{5!}{3!} = 3360$$

e) Ahora, seleccionamos la letra que se repite tres veces: $\binom{8}{1}$. Por otro lado, elegimos la que se repite dos entre las letras restantes: $\binom{7}{1}$. Por último, las permutamos:

$$\binom{8}{1} \cdot \binom{7}{1} \cdot PR_5^{3,2} = 8 \cdot 7 \cdot \frac{5!}{3!\,2!} = 560$$

f) De forma similar al apartado anterior, el número de códigos queda establecido por:

$$\binom{8}{1} \cdot \binom{7}{1} \cdot PR_5^{4,1} = 8 \cdot 7 \cdot \frac{5!}{4!} = 280$$

g) Al haber ocho letras, sólo hay ocho posibilidades.

h) Veamos dos opciones diferentes para calcularlo.

Opción 1: Restamos a la cantidad total todos los casos anteriores:

$32768 - 16800 - 5040 - 3360 - 560 - 280 - 8 = 6720$

Opción 2: En los apartados del b al g hemos calculado todos los casos donde se repite alguna letra. Por lo tanto, ahora debemos calcular el número de códigos que se pueden obtener sin repeticiones, es decir,

$$V_8^5 = 8 \cdot 7 \cdot 6 \cdot 5 \cdot 4 = 6720$$

Problema 2 – (Baleares 2006) Sea X un conjunto con n elementos. Probar que el número de pares (A, B), en los que A y B son subconjuntos de X tales que A es subconjunto de B con $A \neq B$, es igual a $3^n - 2^n$.

Solución: Sea B un subconjunto de X con k elementos ($0 < k \leq n$).

Por un lado, es bien conocido que el número de subconjuntos de un conjunto viene dado por 2^n, siendo n el número de elementos del conjunto. En nuestro caso, como $|B| = k$ y $A \subset B$ (el contenido es estricto), la cantidad de posibles subconjuntos de B que no son B es $2^k - 1$.

Por otro lado, $\binom{n}{k}$ es el número de subconjuntos con k elementos de un conjunto de n, es decir, las distintas posibilidades para el conjunto B.

En este sentido, el número de pares pedido vendrá dado por la suma del producto $\binom{n}{k} \cdot (2^k - 1)$ para todos los valores de k.

$$\sum_{k=1}^{n} \binom{n}{k} \cdot (2^k - 1) = \sum_{k=1}^{n} \binom{n}{k} \cdot 2^k - \sum_{k=1}^{n} \binom{n}{k}$$

Ahora bien, por el Binomio de Newton,

$$2^n = (1+1)^n = \binom{n}{0} + \binom{n}{1} + \cdots + \binom{n}{n} = \sum_{k=1}^{n} \binom{n}{k}$$

$$3^n = (2+1)^n = \binom{n}{0}2^0 + \binom{n}{1}2^1 + \cdots + \binom{n}{n}2^n$$

$$= \sum_{k=1}^{n} \binom{n}{k} \cdot 2^k$$

En definitiva,

$$\sum_{k=1}^{n}\binom{n}{k}\cdot(2^k-1)=\sum_{k=1}^{n}\binom{n}{k}\cdot2^k-\sum_{k=1}^{n}\binom{n}{k}=3^n-2^n$$

Problema 3 – (Madrid 2006) En el interior del cuello de un matraz invertido hay $2n$ bolas blancas y $2n$ bolas negras, idénticas salvo en el color, situadas una sobre otra. En la parte superior se encuentran las blancas y en la inferior las negras. Se da la vuelta al matraz, se agita para mezclar las bolas y se vuelve a invertir.

    a) Calcular la probabilidad p_k de que en la mitad inferior del cuello del matraz haya k bolas negras y $2n-k$ bolas blancas ($0\leq k\leq 2n$).

    b) Utilizar la expresión de p_k para demostrar que

$$\binom{n}{0}^2+\binom{n}{1}^2+\cdots+\binom{n}{n}^2=\binom{2n}{n}$$

Solución: Nótese que el problema es equivalente al siguiente: ¿Cuál es la probabilidad de que en las $2n$ primeras posiciones haya k bolas negras y $2n-k$ bolas blancas?

En este sentido, aplicando la Regla de Laplace es sencillo obtener la probabilidad. Por un lado, los casos posibles son $C_{4n}^{2n}=\binom{4n}{2n}$, ya que de las $4n$ bolas seleccionamos $2n$. Por otro lado, los casos favorables son $C_{2n}^{k}\cdot C_{2n}^{2n-k}$ (seleccionamos k bolas negras y $2n-k$ bolas blancas para ocupar las primeras posiciones). En definitiva,

$$p_k=\frac{\binom{2n}{k}\cdot\binom{2n}{2n-k}}{\binom{4n}{2n}}=\frac{\binom{2n}{k}^2}{\binom{4n}{2n}},\quad k=0,1,\ldots,2n.$$

Para el segundo apartado utilizamos que p_k es una función de probabilidad, esto es, $\sum_{k=0}^{2n}p_k=1$. Por consiguiente,

$$\frac{\binom{2n}{0}^2}{\binom{4n}{2n}} + \frac{\binom{2n}{1}^2}{\binom{4n}{2n}} + \cdots + \frac{\binom{2n}{2n}^2}{\binom{4n}{2n}} = 1$$

$$\Longrightarrow \binom{2n}{0}^2 + \binom{2n}{1}^2 + \cdots + \binom{2n}{2n}^2 = \binom{4n}{2n}$$

Si aplicamos dicho razonamiento al caso de n bolas negras y n bolas blancas (en lugar de $2n$), obtendremos la igualdad pedida.

Problema 4 – Dos candidatos A y B se presentan a una elección. Si A recibe a votos y B recibe b votos con $a > b$, ¿cuán es la probabilidad de que en todo momento del escrutinio A vaya por delante de B?

Solución: Resolveremos el problema apoyándonos en la siguiente cuadrícula. El eje X recoge los votos del candidato A, mientras que el eje Y recoge los de B. Si representamos el recuento, determinaremos una trayectoria ascendente que comienza en el $(0,0)$ y termina con el resultado de la votación, a saber, (a,b). Por ejemplo, si los cuatro primeros votos del recuento son a, a, b, a, la trayectoria comenzará como $(0,0) \to (1,0) \to (2,0) \to (2,1) \to (3,1)$.

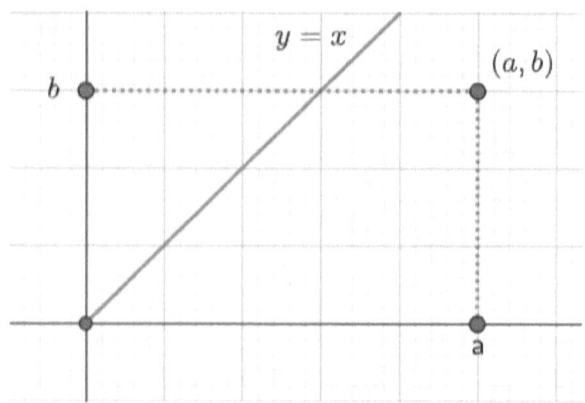

En primer lugar, calculemos el número total de rutas. Al recorrer a traslaciones horizontales y b traslaciones verticales, hay un total de $a+b$ traslaciones, de las cuáles escogemos a para determinar la trayectoria. Por lo tanto, el número total de rutas es $\binom{a+b}{a}$.

Por otro lado, nótese que para que siempre vaya ganando A sólo nos interesan aquellas rutas que van siempre por debajo de la diagonal. Esto fuerza a que el primer tramo de la trayectoria sea $(0,0) \to (1,0)$. De ahí, las rutas que salen de $(1,0)$ y llegan a (a,b) quedan determinadas por $\binom{a+b-1}{b}$. A continuación utilizamos el principio de reflexión para restar aquellas que cruzan la diagonal.

Principio de reflexión I: *Sean (a,b) y (c,d) dos puntos del plano cartesiano con coordenadas enteras situados a un mismo lado de la diagonal $y = x$, entonces el número de caminos ascendentes que van de (a,b) a (c,d) tocando la diagonal es igual al número de caminos ascendentes que van de (b,a) a (d,c).*

Principio de reflexión II: *Hay tantas trayectorias que van desde un punto A a un punto B y tocan el eje de abscisas como trayectorias que van desde el punto simétrico de A a B.*

De esta forma, el número de rutas que van de $(0,1)$ hasta (a,b) viene establecido por $\binom{a+b-1}{a}$. De ahí, la cantidad de trayectorias que van por debajo de la diagonal es la diferencia $\binom{a+b-1}{b} - \binom{a+b-1}{a}$.

Por último, calculamos la probabilidad aplicando la regla de Laplace:

$$\frac{\binom{a+b-1}{b} - \binom{a+b-1}{a}}{\binom{a+b}{a}}$$

Problemas propuestos:

Propuesto 1 – (Baleares 2002) Un avión debe realizar un viaje entre dos ciudades con un total de $m+n$ escalas. En cada escala, el avión tiene que cargar o descargar una tonelada de una cierta mercancía; realizar cargas en m de las escalas y descargas en las n restantes. En la compañía nadie ha reparado en que el avión no soporta una carga mayor que k toneladas ($n < k < m+n$), y las escalas de carga y descarga se distribuyen al azar. Si el avión sale con n toneladas de la mercancía, calcule la probabilidad de que llegue a su destino.

Propuesto 2 – (Andalucía 2006) Sean k, p y n números naturales tales que $0 \leq k \leq p \leq n$.

a) Demostrar que $\binom{n}{k}\binom{n-k}{p-k} = \binom{p}{k}\binom{n}{p}$.

b) Demostrar $\binom{n}{0}\binom{n}{p} + \binom{n}{1}\binom{n-1}{p-1} + \binom{n}{2}\binom{n-2}{p-2} + \cdots + \binom{n}{p}\binom{n-p}{0} = 2^p \binom{n}{p}$.

Propuesto 3 – Demostrar que

$$\binom{n}{m} + \binom{n-1}{m} + \binom{n-2}{m} + \cdots + \binom{m}{m} = \binom{n+1}{m+1}$$

Propuesto 4 – Dos mujeres y tres hombres suben a un ascensor en la planta baja de un edificio de seis pisos. Determinar de cuantas maneras se pueden bajar del ascensor, sabiendo que en un mismo piso no pueden bajar personas de distinto sexo.

Propuesto 5 – Pablo tiene en su librería 7 libros de poesía, 11 libros de teatro y 14 libros de historia.

a) ¿De cuántas maneras se pueden colocar en la estantería?
b) ¿De cuántas maneras se pueden colocar si deben estar juntos los de la misma temática?
c) ¿De cuántas maneras se pueden colocar si todos los libros de teatro deben estar juntos?

Propuesto 6 – (La Rioja 2015) Se sabe que una elección, para la que hay dos candidatos A y B, he terminado con el resultado de 9 votos a favor de A y 6 a favor de B. Calcular

a) La probabilidad de que durante el escrutinio de los votos siempre ha ido por delante el candidato A.

b) La probabilidad de que a lo largo del escrutinio la diferencia entre los dos candidatos no ha sido superior a 3.

BLOQUE 2 – Álgebra

Polinomios

Problema 1 – Considera el polinomio $p(x) = x^3 + 5x^2 - 9x + 1$. Calcula $\sum_{i=1}^{3} x_i^2$ siendo $x_i, i = 1,2,3$, las raíces de dicho polinomio.

Solución: Sean x_1, x_2 x_3 las raíces de $p(x)$. Por Cardano – Vieta, se sigue:

$$\begin{cases} x_1 + x_2 + x_3 = -5 \\ x_1 x_2 + x_1 x_3 + x_2 x_3 = -9 \\ x_1 x_2 x_3 = -1 \end{cases}$$

Por otro lado, desarrollamos el cuadrado de la suma de las raíces:

$$(x_1 + x_2 + x_3)^2 = x_1^2 + x_2^2 + x_3^2 + 2x_1 x_2 + 2x_1 x_3 + 2x_2 x_3$$

Ahora sustituimos la información de las fórmulas de Cardano – Vieta.

$$(-5)^2 = \sum_{i=1}^{3} x_i^2 + 2 \cdot (-9) \Longrightarrow \sum_{i=1}^{3} x_i^2 = 25 + 18 = 43$$

Problema 2 – Determina los valores de p y q para que las ecuaciones

$$\begin{cases} x^3 - 6x^2 + px - 3 = 0 \\ x^3 - x^2 + qx + 2 = 0 \end{cases}$$

tengan dos raíces comunes.

Solución: Sean a, b y c las raíces del primer polinomio y a, b y d las del segundo. Aplicamos la fórmula de Cardano – Vieta a ambos:

$$\begin{cases} a+b+c=6 \\ ab+ac+bc=p \\ abc=3 \end{cases} \text{ y } \begin{cases} a+b+d=1 \\ ab+ad+bd=q \\ abd=-2 \end{cases}$$

Considerando las dos primeras ecuaciones de cada sistema obtenemos que $6-c=1-d$. Por otro lado, de las terceras ecuaciones llegamos a $\frac{c}{d}=-\frac{3}{2}$. De ahí, podemos resolver el sistema que forman dichas ecuaciones para deducir que $c=3$ y $d=-2$.

Ahora, como $c=3$ es raíz del primer polinomio:

$$3^3-6\cdot 3^2+3\cdot p-3=0 \Longrightarrow p=10$$

De la misma forma, utilizando que $d=-2$ es raíz del segundo:

$$(-2)^3-(-2)^2-2\cdot q+2=0 \Longrightarrow q=-5$$

Problema 3 – Halla las raíces de $p(x)=2x^3-9x^2+32x+75=0$, sabiendo que admite una raíz compleja de módulo 5.

Solución: Sea $z=a+bi$ la raíz compleja de módulo 5. Sabemos que su conjugado, $\bar{z}=a-bi$ también será raíz. Luego $p(x)$ es divisible entre

$$(x-a-bi)(x-a+bi)=(x-a)^2+b^2$$
$$=x^2-2ax+a^2+b^2=x^2-2ax+25$$

donde en la última igualdad hemos usado que el módulo es 5, esto es, $\sqrt{a^2+b^2}=5$.

Ahora dividimos $p(x)$ entre $x^2-2ax+25$ aplicando el algoritmo de la división y obtenemos el cociente $C(x)=2x+4a-9$ y el resto $r(x)=(8a^2-18a-18)x+300-100a$. Nótese que al ser $p(x)$ divisible entre $x^2-2ax+25$, se sigue que $r(x)=0$. De ahí, $300-100a=0$ y obtenemos, $a=3$ (obsérvese que este valor también anula $8a^2-18a-18$). Por consiguiente, como $\sqrt{a^2 + b^2} = 5$, $b = \pm 5$. Así las raíces complejas son $3 \pm 4i$.

Por último, el cociente de la división anterior nos proporciona la tercera raíz del polinomio, ya que $2x + 4 \cdot 3 - 9 = 2x + 3 = 2 \cdot \left(x + \frac{3}{2}\right)$, lo que implica que la raíz es $x = -\frac{3}{2}$.

Problema 4 – Calcular a para que las cuatro raíces del siguiente polinomio formen una proporción: $p(x) = z^4 + 6z^3 - 7z^2 - 36z + a$.

Solución: Sean x_1, x_2, x_3 y x_4 las cuatro raíces de $p(x)$. Éstas formarán una proporción si $\frac{x_1}{x_2} = \frac{x_3}{x_4}$, es decir, $x_1 x_4 = x_2 x_3$.

Comenzamos aplicando las fórmulas de Cardano – Vieta:

$$\begin{cases} x_1 + x_2 + x_3 + x_4 = -6 \\ x_1 x_2 + x_1 x_3 + x_1 x_4 + x_2 x_3 + x_2 x_4 + x_3 x_4 = -7 \\ x_1 x_2 x_3 + x_1 x_2 x_4 + x_1 x_3 x_4 + x_2 x_3 x_4 = 36 \\ x_1 x_2 x_3 x_4 = a \end{cases}$$

Ahora consideramos la tercera ecuación, sustituimos $x_2 x_3 = x_1 x_4$:

$$x_1^2 x_4 + x_1 x_2 x_4 + x_1 x_3 x_4 + x_1 x_4^2 = 36$$

Sacamos factor común: $x_1 x_4 (x_1 + x_2 + x_3 + x_4) = 36$. Por la priemra ecuación de Cardano – Vieta, se sigue que $x_1 x_4 \cdot (-6) = 36$, luego $x_1 x_4 = -6$.

Por último, sustituyendo de nuevo $x_2 x_3 = x_1 x_4$ en la última ecuación y teniendo en cuenta que $x_1 x_4 = -6$, obtenemos el valor de a.

$$x_1 x_2 x_3 x_4 = a \Rightarrow x_1^2 x_4^2 = a \Rightarrow (-6)^2 = a \Rightarrow a = 36.$$

Problema 5 – (Canarias 2006) Determina la parte real del número complejo $(a+bi)^n$, donde a y b son las raíces que tienen en común los polinomios $p(x) = x^4 - 3x^3 + 3x^2 - 3x + 2$ y $q(x) = 2x^3 - 5x^2 + x + 2$; y n es la base del sistema de numeración en el que los números $123_{(n}$, $140_{(n}$ y $156_{(n}$ están en progresión aritmética.

Solución: Comencemos calculando n. Recordemos de la sección 1.2. que la clave radica en la expresión polinómica de los números. En este sentido, $123_{(n} = n^2 + 2n + 3$; $140_{(n} = n^2 + 4n$ y $156_{(n} = n^2 + 5n + 6$. Además, éstos estarán en progresión aritmética si $156_{(n} - 140_{(n} = 140_{(n} - 123_{(n}$. De ahí, $n + 6 = 2n - 3 \Rightarrow n = 9$.

Por otro lado, los polinomios se factorizan de manera sencilla usando la regla de Ruffini: $p(x) = (x-1)(x-2)(x^2+1)$ y $q(x) = (x-1)(x-2)(2x+1)$. Luego las raíces comunes son, $x = 1$ y $x = 2$. Por lo tanto, hay dos soluciones diferentes, $(1+2i)^9$ y $(2+i)^9$.

Para calcular la parte real de las potencias anteriores utilizamos el Binomio de Newton:

$$(a+bi)^n = a^9 + 9a^8 bi - 36a^7 b^2 - 84a^6 b^3 i + 126a^5 b^4 + 126a^4 b^5 i - 84a^3 b^6 - 36a^2 b^7 i + 9ab^8 + b^9 i$$

De ahí, la parte real es $a^9 - 36a^7 b^2 + 126a^5 b^4 - 84a^3 b^6 + 9ab^8$. Por último, sustituimos los posibles valores de a y b:

$$(1+2i)^9 \Rightarrow 1 - 36\cdot 2^2 + 126\cdot 2^4 - 84\cdot 2^6 + 9\cdot 2^8 = -1199$$

$$(2+i)^9 \Rightarrow 2^9 - 36\cdot 2^7 + 126\cdot 2^5 - 84\cdot 2^3 + 9\cdot 2 = -718$$

Problema 6 – (Cantabria 2012) Demostrar que el siguiente polinomio es un cuadrado perfecto en $\mathbb{R}[x]$: $p(x) = x \cdot (x+1) \cdot (x+2) \cdot (x+3) + 1$.

Solución: Al ser $p(x)$ un polinomio de cuarto grado con coeficiente principal igual a uno, para ser un cuadrado perfecto deben existir $a, b \in \mathbb{R}$ tal que

$$p(x) = (x^2 + ax + b)^2$$

En primer lugar, $p(0) = 1$, luego $b^2 = 1$ y $b = \pm 1$.

- ✓ Si $b = 1$, utilizando que $p(-1) = 1$, llegamos a que $(1 + a + b)^2 = 1$, luego $a = 1$ o $a = 3$.
- ✓ Si $b = -1$, usando de nuevo que $p(-1) = 1$, se sigue que $(-a)^2 = 1$, y de ahí, $a = 1$ o $a = -1$.

En este sentido, de momento tenemos cuatro candidatos: $x^2 + x + 1$, $x^2 + 3x + 1$, $x^2 + x - 1$ y $x^2 - x - 1$. Para descartar posibilidades usamos que $p(-2) = p(-3) = 1$. Es sencillo comprobar que el único que lo cumple es el polinomio $x^2 + 3x + 1$.

Finalmente, desarrollemos las expresiones para ver que, efectivamente, se trata del mismo polinomio.

$$(x^2 + 3x + 1) = x^4 + 6x^3 + 11x^2 + 6x + 1$$

$$p(x) = (x^2 + x)(x^2 + 5x + 6) + 1$$
$$= x^4 + 6x^3 + 11x^2 + 6x + 1$$

Problemas propuestos:

Propuesto 1 – Dado el polinomio $p(x) = x^7 - 4x^6 + 8x^2 - 1$, calcula la suma de los cuadrados de sus raíces.

Propuesto 2 – Determina a, b, c para que la siguiente expresión sea un polinomio:

$$\frac{x^3+ax^2+bx+c}{x-1}+\frac{x^3+bx^2+cx+a}{x-2}$$
$$+\frac{x^3+cx^2+ax+b}{x-3}$$

Propuesto 3 – Encuentra un polinomio $p(x)$ de grado siete de variable real tal que $p(x)-1$ sea divisible por $(x+1)^4$ y $p(x)+1$ sea divisible por $(x-1)^4$.

Propuesto 4 – Sean los polinomios $p(x) = x^2 + ax + 1$ y $q(x) = x^2 + x + a$. Determina los valores de a para los cuales tienen, al menos, una raíz común.

Propuesto 5 – Sea $p(x)$ un polinomio tal que al dividirlo por $x+1$ y por $x-1$ da resto 6 y 2 respectivamente. Además, es divisible por x^2+1.

   a) Halla el resto al dividirlo por $x^4 - 1$.
   b) Encuentra el polinomio de grado cinco que verifica las condiciones anteriores y tal que al dividirlo por $x^4 - 1$, los coeficientes de los términos de primer grado e independiente del cociente sean 3 y 4 respectivamente.

Propuesto 6 – Dado $p(x) = x^7 - 4x^6 + 8x^2 - 1$ calcula la suma de los inversos de los cuadrados de las raíces.

Propuesto 7 – **(Murcia 2006)** Responda razonadamente a las siguientes cuestiones:

   a) Sea $p(x)$ un polinomio con coeficientes enteros y sea a una raíz entera de $p(x)$. Caracterice las raíces enteras de $q(x) = p(x) \pm p$, siendo p un número primo.
   b) Sea $p(x) = 0$ una ecuación polinómica de séptimo grado con coeficientes enteros tales que $p(4) = 11$ y $p(8) = 7$. Determine la solución entera en caso de que exista. ¿Es irrelevante el grado del polinomio? Justifique su respuesta.

Propuesto 8 – Calcula el resto de la división del polinomio dado por $p(x) = (\cosh a + x \sinh a)^n$ entre $x^2 - 1$.

Propuesto 9 – **(Andalucía 2016)** Determina todos los polinomios del tipo $p(x) = x^2 - ax + b$, con $a, b \in \mathbb{Z}$, que tienen una raíz que es raíz n-ésima de la unidad para algún $n \in \mathbb{N}$.

Propuesto 10 – **(Melilla 2016)** Determina todos los polinomios $p(x)$ con coeficientes reales tales que $p(x+2) - 2p(x+1) + p(x) = x$ sabiendo que $p(0) = \frac{1}{6}$ y que $p(3) = \frac{2}{3}$.

Sistemas de ecuaciones y determinantes

Problema 1 – **(Andalucía 1998)** Discute y resuelve el siguiente sistema:

$$\begin{cases} ax + y + z = 1 \\ x + ay + z = 1 \\ x + y + az = 1 \end{cases}$$

Solución: Consideramos la matriz de coeficientes y calculamos su determinante para obtener su rango:

$$\begin{vmatrix} a & 1 & 1 \\ 1 & a & 1 \\ 1 & 1 & a \end{vmatrix} = a^3 - 3a + 2 = (a-1)^2 \cdot (a+2)$$

Luego, si $a \neq 1$ y $a \neq 2$, el determinante anterior no se anulará y, por ende, $rg(A) = 3$. Como $rg(A) \leq rg(\bar{A})$, se sigue que $rg(A) = 3 = rg(\bar{A})$ y el sistema es compatible determinado.

Si $a = 1$, el sistema se reduce a una única ecuación, a saber $x + y + z = 1$. De ahí, $rg(A) = 1 = rg(\bar{A})$ y el sistema será compatible indeterminado con dos grados de libertad.

Si $a = 2$ es sencillo encontrar un menor de orden dos distinto de cero, por ejemplo. $\begin{vmatrix} 2 & 1 \\ 1 & 2 \end{vmatrix} = 3 \neq 0$. Por lo tanto, $rg(A) = 2$. Ahora orlamos dicho menor con la columna de términos independientes para obtener el rango de la ampliada:

$$\begin{vmatrix} 2 & 1 & 1 \\ 1 & 2 & 1 \\ 1 & 1 & 1 \end{vmatrix} = 1 \neq 0$$

Por consiguiente, $rg(\bar{A}) = 3 \neq 2 = rg(A)$ y el sistema es incompatible por el teorema de Rouché-Frobenius.

Finalmente resolvamos el sistema en los casos en los que es compatible.

- ✓ Si $a = 1$, el problema se reduce a resolver $x + y + z = 1$, cuya solución es $x = 1 - \lambda - \mu$; $y = \lambda$; $z = \mu$ con $\lambda, \mu \in \mathbb{R}$.
- ✓ Si $a \neq 1$ y $a \neq 2$, resolvemos el sistema aplicando la regla de Cramer:

$$x = \frac{\begin{vmatrix} 1 & 1 & 1 \\ 1 & a & 1 \\ 1 & 1 & a \end{vmatrix}}{(a-1)^2 \cdot (a+2)} = \frac{(a-1)^2}{(a-1)^2 \cdot (a+2)} = \frac{1}{a+2}$$

$$y = \frac{\begin{vmatrix} a & 1 & 1 \\ 1 & 1 & 1 \\ 1 & 1 & a \end{vmatrix}}{(a-1)^2 \cdot (a+2)} = \frac{(a-1)^2}{(a-1)^2 \cdot (a+2)} = \frac{1}{a+2}$$

$$z = \frac{\begin{vmatrix} a & 1 & 1 \\ 1 & a & 1 \\ 1 & 1 & 1 \end{vmatrix}}{(a-1)^2 \cdot (a+2)} = \frac{(a-1)^2}{(a-1)^2 \cdot (a+2)} = \frac{1}{a+2}$$

Problema 2 – Discute el sistema $\begin{cases} ax + by + z = 1 \\ x + aby + z = b \\ x + by + az = 1 \end{cases}$

Solución: De manera análoga al problema anterior, comenzamos calculando el determinante de la matriz de coeficientes.

$$\begin{vmatrix} a & b & 1 \\ 1 & ab & 1 \\ 1 & b & a \end{vmatrix} = a^3b + b + b - 3ab = b(a^3 - 3a + 2)$$
$$= b(a-1)^2(a+2)$$

De ahí ya podemos garantizar, por el teorema de Rouché-Frobenius, que si $b \neq 0, a \neq 1$ y $a \neq -2$, el sistema será compatible determinado.

A continuación analicemos el rango de las matrices asociadas al sistema para los valores anteriores.

- ✓ Si $b = 0$, aplicando el método de Gauss tenemos que:

$$\begin{pmatrix} a & 0 & 1 & | & 1 \\ 1 & 0 & 1 & | & 0 \\ 1 & 0 & a & | & 1 \end{pmatrix} \sim \begin{pmatrix} 0 & 0 & 1-a^2 & | & 1-a \\ 0 & 0 & 1-a & | & -1 \\ 1 & 0 & a & | & 1 \end{pmatrix}$$
$$\sim \begin{pmatrix} 0 & 0 & 0 & | & 2 \\ 0 & 0 & 1-a & | & -1 \\ 1 & 0 & a & | & 1 \end{pmatrix}$$

donde las operaciones elementales que hemos hecho son: $F_1 - aF_3$; $F_2 - F_3$ y $F_1 - (1+a)F_2$. Por consiguiente, el sistema es incompatible independientemente del valor de a.

- ✓ Si $b \neq 0$ y $a = 1$, la matriz asociada al sistema es:

$$\begin{pmatrix} 1 & b & 1 & | & 1 \\ 1 & b & 1 & | & b \\ 1 & b & 1 & | & 1 \end{pmatrix}$$

Obsérvese que si $b = 1$ el sistema será compatible indeterminado con dos grados de libertad; mientras que si $b \neq 1$, el sistema será incompatible.

✓ Si $b \neq 0$ y $a = -2$ por el método de Gauss se sique gue:

$$\begin{pmatrix} -2 & b & 1 & | & 1 \\ 1 & -2b & 1 & | & b \\ 1 & b & -2 & | & 1 \end{pmatrix}$$
$$\sim \begin{pmatrix} -2 & b & 1 & | & 1 \\ 3 & -3b & 0 & | & b-1 \\ -3 & 3b & 0 & | & 3 \end{pmatrix}$$
$$\sim \begin{pmatrix} -2 & b & 1 & | & 1 \\ 3 & -3b & 0 & | & b-1 \\ 0 & 0 & 0 & | & b+2 \end{pmatrix}$$

donde las operaciones elementales efectuadas son: $F_2 - F_1$; $F_3 + 2F_1$ y $F_3 + F_2$. Luego si $b = -2$, el sistema es compatible indeterminado; mientras que si $b \neq -2$ el sistema es incompatible.

Problema 3 — (Andalucía 2016) Determina el valor del determinan de orden n:

$$\begin{vmatrix} 1+x^2 & x & 0 & \cdots & 0 & 0 \\ x & 1+x^2 & x & \cdots & 0 & 0 \\ 0 & x & 1+x^2 & \cdots & 0 & 0 \\ \vdots & \vdots & \vdots & \ddots & \vdots & \vdots \\ 0 & 0 & 0 & \cdots & 1+x^2 & x \\ 0 & 0 & 0 & \cdots & x & 1+x^2 \end{vmatrix}$$

Solución: Llamamos A_n al determinante del enunciado y comenzamos desarrollando por la primera fila. De esta forma,

$$A_n = (1+x^2)\begin{vmatrix} 1+x^2 & x & \cdots & 0 & 0 \\ x & 1+x^2 & \cdots & 0 & 0 \\ \vdots & \vdots & \ddots & \vdots & \vdots \\ 0 & 0 & \cdots & 1+x^2 & x \\ 0 & 0 & \cdots & x & 1+x^2 \end{vmatrix} - x\begin{vmatrix} x & x & \cdots & 0 & 0 \\ 0 & 1+x^2 & \cdots & 0 & 0 \\ \vdots & \vdots & \ddots & \vdots & \vdots \\ 0 & 0 & \cdots & 1+x^2 & x \\ 0 & 0 & \cdots & x & 1+x^2 \end{vmatrix}$$

Y desarrollando el segundo determinante por la primera columna, obtenemos que $A_n = (1+x^2)A_{n-1} - x^2 A_{n-2}$.

A continuación, resolvemos la ecuación en diferencias anterior haciendo inducción sobre n. Para ello, comenzamos calculando los primeros casos:

$$A_1 = 1 + x^2$$

$$A_2 = \begin{vmatrix} 1+x^2 & x \\ x & 1+x^2 \end{vmatrix} = 1 + x^2 + x^4$$

Supongamos que $A_n = 1 + x^2 + x^4 + \cdots + x^{2n}$. Así tenemos que

$$\begin{aligned} A_{n+1} &= (1+x^2)A_n - x^2 A_{n-1} \\ &= (1+x^2)(1 + x^2 + \cdots + x^{2n}) \\ &\quad - x^2(1 + x^2 + \cdots + x^{2(n-1)}) \\ &= 1 + x^2 + \cdots + x^{2(n+1)} \end{aligned}$$

Por lo tanto, concluimos que, efectivamente, $A_n = 1 + x^2 + x^4 + \cdots + x^{2n}$ para todo $n \in \mathbb{N}$.

Problema 4 – (País Vasco 1989) Resolver la ecuación
$$\begin{vmatrix} x & a & b & c \\ a & x & c & b \\ b & c & x & a \\ c & b & a & x \end{vmatrix} = 0.$$

Solución: Comenzamos sumando las cuatro columnas del determinante y extrayendo factor común el factor $x + a + b + c$:

$$\begin{vmatrix} x & a & b & c \\ a & x & c & b \\ b & c & x & a \\ c & b & a & x \end{vmatrix} = \begin{vmatrix} x+a+b+c & a & b & c \\ x+a+b+c & x & c & b \\ x+a+b+c & c & x & a \\ x+a+b+c & b & a & x \end{vmatrix}$$

$$= (x+a+b+c) \begin{vmatrix} 1 & a & b & c \\ 1 & x & c & b \\ 1 & c & x & a \\ 1 & b & a & x \end{vmatrix}$$

Ahora le restamos a todas las filas la primera y desarrollamos por la primera columna:

$$(x+a+b+c) \begin{vmatrix} 1 & a & b & c \\ 0 & x-a & c-b & b-c \\ 0 & c-a & x-b & a-c \\ 0 & b-a & a-b & x-c \end{vmatrix}$$

$$= (x+a+b+c) \begin{vmatrix} x-a & c-b & b-c \\ c-a & x-b & a-c \\ b-a & a-b & x-c \end{vmatrix}$$

A continuación, le sumamos a la primera y segunda columna la tercera y extraemos el factor $x + a - b - c$ de ambas:

$$(x+a+b+c) \begin{vmatrix} x-a+b-c & 0 & b-c \\ 0 & x+a-b-c & a-c \\ x-a+b-c & x+a-b-b & x-c \end{vmatrix}$$

$$= (x+a+b+c)(x-a+b-c)(x+a-b-c) \begin{vmatrix} 1 & 0 & b-c \\ 0 & 1 & a-c \\ 1 & 1 & x-c \end{vmatrix}$$

Por último, desarrollamos el determinante restante por la regla de Sarrus para obtener que la ecuación del enunciado es equivalente a la siguiente:

$$(x+a+b+c)(x-a+b-c)(x+a-b-c)(x-a-b+c) = 0$$

Por lo tanto, las cuatro soluciones posibles son $x_1 = -a-b-c$; $x_2 = a-b+c$; $x_3 = -a+b+c$ y $x_4 = a+b-c$.

Problemas propuestos:

Propuesto 1 – Discute y resuelve, cuando sea posible, los siguientes sistemas de ecuaciones:

a) **(PAU Madrid 2000)** $\begin{cases} -x + ay + 2z = a \\ 2x + ay - z = 2 \\ ax - y + 2z = a \end{cases}$

b) **(PAU Madrid 2000)** $\begin{cases} ax + y + z = (a-1)(a+2) \\ x + ay + z = (a-1)^2(a+2) \\ x + y + az = (a-1)^3(a+2) \end{cases}$

c) **(PAU Murcia 2020)** $\begin{cases} x + y + z = 2 \\ x - ay + a^2 z = -1 \\ -ax + a^2 y - a^{3z} = 2 \end{cases}$

d) **(PAU C. Valenciana 2005)** $\begin{cases} x + ay + a^2 z = 1 \\ x + ay + az = a \\ x + a^2 y + a^2 z = a^2 \end{cases}$

Propuesto 2 – Discute el siguiente sistema para los distintos valores de a, b:

$$\begin{cases} ax + by + z = 1 \\ x + aby + z = b \\ x + by + az = 1 \end{cases}$$

Propuesto 3 – **(La Rioja 2006)** Determina el valor del determinan de orden n:

$$\begin{bmatrix} 1+x^4 & x^2 & 0 & \cdots & 0 & 0 \\ x^2 & 1+x^4 & x^2 & \cdots & 0 & 0 \\ 0 & x^2 & 1+x^4 & \cdots & 0 & 0 \\ \vdots & \vdots & \vdots & \ddots & \vdots & \vdots \\ 0 & 0 & 0 & \cdots & 1+x^4 & x^2 \\ 0 & 0 & 0 & \cdots & x^2 & 1+x^4 \end{bmatrix}$$

Propuesto 4 – Resuelve los siguientes determinantes de orden n:

a) $\begin{vmatrix} x & 1 & 1 & \cdots & 1 & 1 \\ 1 & x & 1 & \cdots & 1 & 1 \\ 1 & 1 & x & \cdots & 1 & 1 \\ \cdots & \cdots & \cdots & \cdots & \cdots & \cdots \\ 1 & 1 & 1 & \cdots & x & 1 \\ 1 & 1 & 1 & \cdots & 1 & x \end{vmatrix}$
b) $\begin{vmatrix} x & a & a & \cdots & a & a \\ a & x & a & \cdots & a & a \\ a & a & x & \cdots & a & a \\ \cdots & \cdots & \cdots & \cdots & \cdots & \cdots \\ a & a & a & \cdots & x & a \\ a & a & a & \cdots & a & x \end{vmatrix}$

Propuesto 5 – Calcula el siguiente determinante de orden n:

$$\begin{vmatrix} 1 & -\frac{1}{2} & 0 & 0 & 0 & \cdots & 0 & 0 \\ a & 1 & -\frac{1}{3} & 0 & 0 & \cdots & 0 & 0 \\ a^2 & 0 & 1 & -\frac{1}{4} & 0 & \cdots & 0 & 0 \\ a^3 & 0 & 0 & 1 & -\frac{1}{5} & \cdots & 0 & 0 \\ \cdots & \cdots & \cdots & \cdots & \cdots & \cdots & \cdots & \cdots \\ a^{n-2} & 0 & 1 & 0 & 0 & \cdots & 1 & -\frac{1}{n} \\ a^{n-1} & 0 & 1 & 0 & 0 & \cdots & 0 & 1 \end{vmatrix}$$

Estructuras algebraicas

Problema 1 – Considere la operación $x * y = x + y + 1$ definida en $\mathbb{Z}$. Estudie la estructura de $(\mathbb{Z},*)$.

Solución: Nótese que la operación $*$ es interna, asociativa y conmutativa por serlo la suma en $\mathbb{Z}$. A continuación, analizamos la existencia de elemento neutro y simétrico.

- ✓ e será elemento neutro si $x * e = e * x = x$, es decir, $x + e + 1 = x$. De ahí se sigue que el elemento neutro es $e = -1$.
- ✓ Todo elemento $x \in \mathbb{Z}$ tendrá elemento simétrico $\tilde{x}$, si $x * \tilde{x} = e$. Esto es, $x + \tilde{x} + 1 = -1$, lo que implica $\tilde{x} = -x - 2$.

En definitiva, la operación es interna, asociativa y conmutativa; tiene elemento neutro y todo elemento tiene simétrico. Por lo tanto, $(\mathbb{Z},*)$ tiene estructura de grupo conmutativo (abeliano).

Problema 2 – **(Valencia 2008)** Llamamos $M(x, y, z)$ a la matriz cuadrada de orden 3 de la forma

$$\begin{pmatrix} 1 & x & y \\ 0 & 1 & z \\ 0 & 0 & 1 \end{pmatrix}$$

con x, y, z números enteros.

- a) Probar que el conjunto A formado por estas matrices $M(x, y, z)$ forma un grupo respecto al producto de matrices.
- b) Hallar el conjunto B de matrices de A que conmuten con toda la matriz de este grupo.
- c) Probar que B es un subgrupo de A isomorfo al grupo $\mathbb{Z}$ de los números enteros.

Solución: a) En primer lugar, analicemos el producto de dos matrices

$$\begin{pmatrix} 1 & x & y \\ 0 & 1 & z \\ 0 & 0 & 1 \end{pmatrix} \cdot \begin{pmatrix} 1 & x' & y' \\ 0 & 1 & z' \\ 0 & 0 & 1 \end{pmatrix} = \begin{pmatrix} 1 & x+x' & y'+xz'+y \\ 0 & 1 & z+z' \\ 0 & 0 & 1 \end{pmatrix}$$

En este sentido, $M(x,y,z) \cdot M(x',y',z') = M(x+x', y+y'+xz', z+z')$. Nótese que la operación es interna, pues $x+x', y+y'+xz', z+z' \in \mathbb{Z}$.

A continuación, veamos que se trata de un grupo.

- ✓ **Asociatividad:** Se sigue por ser el producto de matrices asociativo.
- ✓ **Elemento neutro:** $M(0,0,0)$ se corresponde con la matriz identidad, I, luego $M(x,y,z) \cdot M(0,0,0) = M(0,0,0) \cdot M(x,y,z) = M(x,y,z)$.
- ✓ **Elemento simétrico:** Hallemos la inversa de una matriz del tipo $M(x,y,z)$. En este sentido buscamos una matriz $M^{-1}(x,y,z)$ tal que $M(x,y,z) \cdot M^{-1}(x,y,z) = M(0,0,0)$. De ahí que, atendiendo a la relación $M(x,y,z) \cdot M(x',y',z') = M(x+x', y+y'+xz', z+z')$, deba de cumplirse

$$\begin{cases} x+x' = 0 \\ y+y'+xz' = 0 \\ z+z' = 0 \end{cases} \Longrightarrow \begin{cases} x' = -x \\ y' = -y - xz \\ z' = -z \end{cases}$$

Por lo tanto, el elemento simétrico es $M(-x, -xz-y, -z)$.

En conclusión, ya tenemos garantizada la estructura de grupo.

b) La conmutatividad implique que
$$M(x,y,z) \cdot M(x',y',z') = M(x',y',z') \cdot M(x,y,z)$$

es decir, $(x + x', y + y' + xz', z + z') = (x' + x, y' + y + x'z, z' + z)$. Por consiguiente, dos matrices conmutarán si se verifica que $xz' = x'z$. Veamos cuáles son.

Denotemos por $M(a, b, c)$ la matriz que buscamos y por $M(x, y, z)$ una matriz cualquiera. Teniendo en cuenta la condición que implica la conmutatividad, se sigue que $xc = za$. Ahora bien, como x, z son números cualquiera, forzosamente se ha de cumplir que $a = c = 0$. De esta forma, las matrices que conmutan con todas son de la forma $M(0, b, 0)$.

c) Probar que B es un subgrupo consiste en demostrar que dados dos elementos M_b y $M_{b'}$ de B, se cumple que $M_b \cdot M_{b'} \in B$. En efecto,

$$M(0, b, 0) \cdot M(0, b', 0) = M(0, b + b', 0) \in B \subset A.$$

Por último, consideramos la aplicación $f: (B, \cdot) \to (\mathbb{Z}, +)$ definida por $f(M(0, b, 0)) = b$. Nótese que dicha aplicación es biyectiva. Además,

$$f(M_b \cdot M_{b'}) = f(M(0, b + b', 0)) = b + b'$$
$$= f(M_b) + f(M_{b'})$$

Esto significa que la aplicación es un morfismo. En definitiva, se trata de un isomorfismo por ser un morfismo biyectivo.

Problema 3 – **(Extremadura 2015)** Se considera el subconjunto de las matrices 2×2 de números reales

$$M_C = \left\{ \begin{bmatrix} a & -b \\ b & a \end{bmatrix} : a, b \in \mathbb{R} \right\}$$

con las operaciones habituales de suma y producto de matrices.

    a) Demuestra que M_C tiene la estructura algebraica de un cuerpo conmutativo.

b) Sea $\mathbb{C}$ el cuerpo de los números complejos. Probar que $\mathbb{C}$ es isomorfo a M_C hallando el isomorfismo $f: \mathbb{C} \to M_C$ correspondiente.

c) Utilizando el isomorfismo definido en el apartado anterior, calcular

$$\sqrt[4]{\begin{pmatrix} -\dfrac{1}{2} & -\dfrac{\sqrt{3}}{2} \\ \dfrac{\sqrt{3}}{2} & -\dfrac{1}{2} \end{pmatrix}}$$

Solución: a) El conjunto de las matrices cuadradas tiene estructura de anillo, luego también la tendrá M_C. Además, cualquier matriz no nula de dicho subconjunto es invertible, pues $\begin{vmatrix} a & -b \\ b & a \end{vmatrix} = a^2 + b^2 \neq 0$. Esto implica que el anillo es unitario. Por otro lado, como el producto de matrices es distributivo respecto de la suma, también lo será M_C por ser subconjunto. Así tenemos garantizado que $(M_C, +, \cdot)$ tiene estructura de cuerpo. Veamos ahora que el producto es conmutativo:

$$\begin{pmatrix} a & -b \\ b & a \end{pmatrix} \cdot \begin{pmatrix} c & -d \\ d & c \end{pmatrix} = \begin{pmatrix} ac - bd & -ad - bc \\ bc + ad & -bd + ac \end{pmatrix}$$
$$= \begin{pmatrix} c & -d \\ d & c \end{pmatrix} \cdot \begin{pmatrix} a & -b \\ b & a \end{pmatrix}$$

b) Definimos la aplicación $f: \mathbb{C} \to M_C$ dada por $f(a + bi) = \begin{pmatrix} a & -b \\ b & a \end{pmatrix}$. Veamos que se trata de un isomorfismo:

Sean $z, w \in \mathbb{C}$ con $z = a + bi$ y $w = c + di$. Comencemos probando que se trata de un homomorfismo:

$$f(z + w) = \begin{pmatrix} a + c & -b - d \\ b + d & a + c \end{pmatrix} = \begin{pmatrix} a & -b \\ b & a \end{pmatrix} + \begin{pmatrix} c & -d \\ d & d \end{pmatrix}$$
$$= f(z) + f(w)$$

$$f(z) \cdot f(w) = \begin{pmatrix} a & -b \\ b & a \end{pmatrix} \cdot \begin{pmatrix} c & -d \\ d & c \end{pmatrix} = \begin{pmatrix} ac - bd & -ad - bc \\ bc + ad & -bd + ac \end{pmatrix}$$

$$f(z \cdot w) = f((ac - bd) + (ad + bc)i)$$
$$= \begin{pmatrix} ac - bd & -ad - bc \\ bc + ad & -bd + ac \end{pmatrix}$$

Luego, $f(z + w) = f(z) + f(w)$; $f(z \cdot w) = f(z) \cdot f(w)$ y f es un homomorfismo.

Finalmente, comprobemos que es biyectiva. En primer lugar, nótese que $\operatorname{Ker} f = 0$, pues la matriz nula sólo puede obtenerse por f a partir de $z = 0$. Por consiguiente, f es inyectiva. Por otro lado, dada una matriz cualquiera $\begin{pmatrix} a & -b \\ b & a \end{pmatrix} \in M_C$, si consideramos el número complejo $z = a + bi$, se sigue que $f(z) = \begin{pmatrix} a & -b \\ b & a \end{pmatrix}$. Esto es, f es sobreyectiva. En conclusión, tenemos que la aplicación es biyectiva y, junto al hecho de que se trata de un homomorfismo, podemos deducir que es un isomorfismo.

c) Nótese que gracias al isomorfismo definido en el apartado anterior, podemos calcular la raíz del enunciado a partir de la raíz cuarta de $z = -\frac{1}{2} + \frac{\sqrt{3}}{2}i$.

Por un lado, $|z| = \sqrt{\left(\frac{1}{2}\right)^2 + \left(\frac{\sqrt{3}}{2}\right)^2} = 1$ y $\arg z = \operatorname{arctg}(-\sqrt{3}) = \frac{2\pi}{3}$ (para el cálculo del argumento es necesario observar que z pertenece al segundo cuadrante del plano complejo). En este sentido, $\sqrt[4]{1_{\frac{2\pi}{3}}} = 1_{\frac{2\pi + 6\pi k}{12}}$ con $k = 1, \ldots, 4$. Luego las cuatro soluciones son $z_1 = 1_{\frac{\pi}{6}} = \frac{1}{2} + \frac{\sqrt{3}}{2}i$; $z_2 = 1_{\frac{2\pi}{3}} = -\frac{1}{2} + \frac{\sqrt{3}}{2}i$; $z_3 = 1_{\frac{7\pi}{6}} = -\frac{1}{2} - \frac{\sqrt{3}}{2}i$; $z_4 = 1_{\frac{5\pi}{3}} = \frac{1}{2} - \frac{\sqrt{3}}{2}i$.

Finalmente, aplicando el isomorfismo del apartado anterior, obtenemos las cuatro raíces en M_C:

$$\begin{pmatrix} \frac{1}{2} & -\frac{\sqrt{3}}{2} \\ \frac{\sqrt{3}}{2} & \frac{1}{2} \end{pmatrix} ; \begin{pmatrix} -\frac{1}{2} & -\frac{\sqrt{3}}{2} \\ \frac{\sqrt{3}}{2} & -\frac{1}{2} \end{pmatrix} ; \begin{pmatrix} -\frac{1}{2} & +\frac{\sqrt{3}}{2} \\ -\frac{\sqrt{3}}{2} & -\frac{1}{2} \end{pmatrix} ; \begin{pmatrix} \frac{1}{2} & \frac{\sqrt{3}}{2} \\ -\frac{\sqrt{3}}{2} & \frac{1}{2} \end{pmatrix}$$

Problema 4 – Dado $\mathbb{Z}(\sqrt{5})$, dominio de integridad de los números de la forma $x = a + b\sqrt{5}, a, b \in \mathbb{Z}$. Sea $N(x) = a^2 - 5b^2$.

- a) Demostrar que $9 + 4\sqrt{5}$ es una unidad del dominio.
- b) Demostrar que $1 - \sqrt{5}$ y $3 + \sqrt{5}$ son asociados pero no unitarios.
- c) ¿Qué condición debe cumplir $N(x)$ para que x sea unidad?

Solución: a) La función $N(x)$ es la función norma del dominio de integridad en cuestión. Debido a las propiedades de dicha función, $9 + 4\sqrt{5}$ será unidad si $N(9 + 4\sqrt{5}) = 1$. En efecto, $N(9 + 4\sqrt{5}) = 9^2 - 5 \cdot 4^2 = 1$.

b) Comenzamos calculando la norma de los números involucrados. Por un lado, $N(1 - \sqrt{5}) = -4$ y, por otro, $N(3 + \sqrt{5}) = 4$. De este modo, como la norma es distinta de uno, sabemos que no son unitarios.

Ahora, para ver que son asociados necesitamos comprobar que los números se dividen entre sí.

Por un lado, $(1 - \sqrt{5}) \cdot (a + b\sqrt{5}) = (a - 5b) + (b - a)\sqrt{5}$. Ahora, igualamos dicho producto a $3 + \sqrt{5}$. Tras resolver el sistema formado por las ecuaciones $a - 5b = 3$ y $b - a = 1$, llegamos a que $a = -2$ y $b = -1$. De esta manera, $(1 - \sqrt{5}) \cdot (-2 - \sqrt{5}) = 3 + \sqrt{5}$ y, por ende, $(1 - \sqrt{5}) | (3 + \sqrt{5})$.

Análogamente, $(3 + \sqrt{5}) \cdot (a + b\sqrt{5}) = (3a + 5b) + (3b + a)\sqrt{5}$. Así, igualando a $1 - \sqrt{5}$, y resolviendo el sistema correspondiente, llegamos a que $a = 2$ y $b = -1$. Por lo tanto, $(3 + \sqrt{5}) \cdot (2 - \sqrt{5}) = 1 - \sqrt{5}$ y se tiene que $(3 + \sqrt{5})|(1 - \sqrt{5})$.

c) x es una unidad si y sólo si $N(x) = 1$.

Problemas propuestos:

Propuesto 1 – En $\mathbb{Z}$ consideramos la operación suma $+$ y definimos una operación $*$, tal que a un par de enteros $x, y \in \mathbb{Z}$, le asocia el elemento $\frac{x \cdot y}{2}$. Probar que $(\mathbb{Z}, +, *)$ tiene estructura de anillo.

Propuesto 2 – **(Canarias 2006)** Demostrar que el núcleo de un homomorfismo de anillos es un ideal.

Propuesto 3 – **(Andalucía 2004)** El conjunto $A := \{a + 4bi : a, b \in \mathbb{Z}\}$ tiene estructura de anillo respecto a la suma y el producto ordinarios de los números reales. Probar que este anillo no tiene estructura de cuerpo y encontrar un elemento del conjunto que no posea inverso.

Propuesto 4 – En $\mathbb{Z} \times \mathbb{Z} = \{(x, y) : x \in \mathbb{Z}, y \in \mathbb{Z}\}$, se definen las operaciones:

$$(a, b) + (c, d) = (a + c, b + d); \quad (a, b) \cdot (c, d) = (ac - 5bd, ad + bc)$$

- a) Demostrar que $\mathbb{Z} \times \mathbb{Z}$ es un anillo conmutativo y unitario con estas operaciones.
- b) Calcular los elementos invertibles para el producto.
- c) ¿Es un dominio de integridad?
- d) Demostrar que $I = \{(a, b) \in \mathbb{Z} \times \mathbb{Z} : a = 2k, b = 2k', k, k' \in \mathbb{Z}\}$ es un ideal.

Propuesto 5 – (Galicia 2016) Sea α una solución de la ecuación $x^2 - bx + c = 0$ donde $b, c \in \mathbb{Z}$ son tales que $b^2 - 4c < 0$ y sea $\mathbb{Z}[\alpha]$ el conjunto de los $z = p + q\alpha \in \mathbb{C}$ tales que $p, q \in \mathbb{Z}$.

  a) Demostrar que $\mathbb{Z}[\alpha]$ es un subanillo conmutativo y unitario de $\mathbb{C}$ respecto de las operaciones usuales de suma y producto de $\mathbb{C}$.
  b) Demostrar que el conjunto $U(\mathbb{Z}[\alpha])$ de los elementos invertibles del anillo conmutativo y unitario $\mathbb{Z}[\alpha]$ es un grupo con la multiplicación de $\mathbb{C}$ (grupo multiplicativo de $\mathbb{Z}[\alpha]$).
  c) Probar que $\overline{\mathbb{Z}[\alpha]} = \mathbb{Z}[\bar{\alpha}]$.
  d) Si consideramos la aplicación $f: \mathbb{Z}[\alpha] \to \mathbb{N}$ definida por $f(z) = |z|^2$, calcula $f(p + q\alpha)$ en función de b, c, p, q.
  e) Si f es la aplicación definida en el apartado anterior, calcula $f\bigl(U(\mathbb{Z}[\alpha])\bigr)$.

Propuesto 6 – Consideremos los cuerpos $\mathbb{Q}(\sqrt{7}) = \{a + \sqrt{7}b: a, b \in \mathbb{Q}\}$ y $\mathbb{Q}(\sqrt{11}) = \{a + \sqrt{11}b: a, b \in \mathbb{Q}\}$. Demostrar que:

  a) La aplicación $f: \mathbb{Q}(\sqrt{7}) \to \mathbb{Q}(\sqrt{11})$ definida por $f(a + \sqrt{7}b) = a + \sqrt{11}b$ no es un isomorfismo de cuerpos.
  b) No hay ningún isomorfismo entre estos dos cuerpos.

Propuesto 7 – (Andalucía 2006) Dado el conjunto A de las matrices cuadradas de la forma siguiente: $M(x) = \begin{pmatrix} 1 & 0 & x \\ 0 & 1 & 0 \\ 0 & 0 & 1 \end{pmatrix}$ siendo x real. Demostrar que tiene estructura de grupo conmutativo respecto al producto de matrices.

Espacios vectoriales y aplicaciones lineales

Problema 1 – Sea V el subespacio de R^4 generado por el conjunto de vectores

$$\{(1,5,-3,2),(2,4,1,1),(0,6,-7,3)\}$$

a) Encuentre una base y unas ecuaciones implícitas de V.
b) Encuentre los valores de a y b para los que el vector $(a,b,-1,4)$ pertenece a V.

Solución: a) En primer lugar, obtenemos una base de V a partir de los vectores que forman el conjunto generador dado.

$$\begin{pmatrix} 1 & 5 & -3 & 2 \\ 2 & 4 & 1 & 1 \\ 0 & 6 & -7 & 3 \end{pmatrix} \sim \begin{pmatrix} 1 & 5 & -3 & 2 \\ 0 & -6 & 7 & -3 \\ 0 & 6 & -7 & 3 \end{pmatrix} \sim \begin{pmatrix} 1 & 5 & -3 & 2 \\ 0 & 6 & -7 & 3 \\ 0 & 0 & 0 & 0 \end{pmatrix}$$

Por lo tanto, una base de V estará formada por $\{(1,5,-3,2),(0,6,-7,3)\}$

En cuanto a las ecuaciones del subespacio, un vector (x,y,z,t) está en V si y sólo si es combinación lineal de los vectores que forman la base. En este sentido, debemos analizar el sistema representado por las siguientes matrices:

$$\begin{pmatrix} 1 & 0 & | & x \\ 5 & 6 & | & y \\ -3 & -7 & | & z \\ 2 & 3 & | & t \end{pmatrix} \sim \begin{pmatrix} 1 & 0 & | & x \\ 0 & 6 & | & y-5x \\ 0 & -7 & | & z+3x \\ 0 & 3 & | & t-2x \end{pmatrix}$$
$$\sim \begin{pmatrix} 1 & 0 & | & x \\ 0 & 0 & | & -x+y-2t \\ 0 & 0 & | & -5x+3z+7t \\ 0 & 3 & | & t-2x \end{pmatrix}$$

De ahí, obtenemos las dos ecuaciones implícitas del subespacio, a saber, $-x+y-2t=0$; $-5x+3z+7t=0$.

b) Por último, $(a, b, -1, 4) \in V$ si satisface las ecuaciones anteriores. Por lo tanto, $-a + b = 8$ y $-5a - 3 + 28 = 0$, de dónde se sigue que $a = 5$ y $b = 13$.

Problema 2 – Sea $f: \mathbb{R}^3 \to \mathbb{R}^4$ la aplicación lineal dada por

$$f(x, y, z) = (2x - y - z, x + 2y - 3z, y - z, x - y)$$

a) Calcula una base y unas ecuaciones de la imagen y del núcleo de f.
b) Calcula una base de $f(U)$, donde $U \subseteq \mathbb{R}^3$ es el subespacio de ecuación $x + y - 2z = 0$.

Solución: a) Comencemos escribiendo la matriz asociada a la aplicación.

$$A = \begin{pmatrix} 2 & -1 & -1 \\ 1 & 2 & -3 \\ 0 & 1 & -1 \\ 1 & -1 & 0 \end{pmatrix}$$

El núcleo viene determinado por las soluciones del sistema homogéneo con matriz A.

$$\begin{pmatrix} 2 & -1 & -1 \\ 1 & 2 & -3 \\ 0 & 1 & -1 \\ 1 & -1 & 0 \end{pmatrix} \sim \begin{pmatrix} 0 & 1 & -1 \\ 0 & 3 & -3 \\ 0 & 1 & -1 \\ 1 & -1 & 0 \end{pmatrix} \sim \begin{pmatrix} 0 & 0 & 0 \\ 0 & 0 & 0 \\ 0 & 1 & -1 \\ 1 & -1 & 0 \end{pmatrix}$$

Luego sus ecuaciones implícitas son $\begin{cases} y - z = 0 \\ x - y = 0 \end{cases}$. A partir de ellas obtenemos que $x = y = z$, por lo que la base viene dada por el vector $(1, 1, 1)$.

En cuanto a la imagen de la aplicación, nótese que tiene dimensión dos, pues $\dim(Im(f)) = \dim \mathbb{R}^3 - \dim(Ker(f)) = 3 - 1 = 2$. Por lo tanto, podemos considerar únicamente dos vectores de las columnas de A y obtener así las ecuaciones de la imagen resolviendo el sistema correspondiente.

$$\begin{pmatrix} 2 & -1 & | & x \\ 1 & 2 & | & y \\ 0 & 1 & | & z \\ 1 & -1 & | & t \end{pmatrix} \sim \begin{pmatrix} 0 & 1 & | & x-2t \\ 0 & 3 & | & y-t \\ 0 & 1 & | & z \\ 1 & 0 & | & t \end{pmatrix}$$

$$\sim \begin{pmatrix} 0 & 0 & | & x-z-2t \\ 0 & 1 & | & y-3z-t \\ 0 & 1 & | & z \\ 1 & 0 & | & t \end{pmatrix}$$

De esta forma, las ecuaciones de la $Im(f)$ son $\begin{cases} x - z - 2t = 0 \\ y - 3z - t = 0 \end{cases}$

b) Considerando la ecuación del subespacio U, $x + y - 2z = 0$, podemos obtener dos vectores que lo generan. Por ejemplo, $(1, -1, 0)$ y $(2, 0, 1)$. De esta forma, $f(U)$ está generado por las imágenes de dichos vectores, que son $(3, -1, -1, 2)$ en ambos casos. Por consiguiente, una base de $f(U)$ viene dada por dicho vector.

Problema 3 – (Cantabria 2004) Sea $P_3[x]$ el espacio vectorial real de los polinomios de grado menor o igual que tres con coeficientes reales y una indeterminada,

a) Demostrar que $V = \{1, 1 + x, 1 + x + x^2, 1 + x + x^2 + x^3\}$ es una base de $P_3[x]$.
b) Hallar, respecto de V, la matriz del endomorfismo f definida en $P_3[x]$ que a cada polinomio le hace corresponder su segunda derivada.
c) Calcular el núcleo y la imagen de dicho endomorfismo, así como sus dimensiones.
d) Resolver $f[q(x)] = 6x + 8$, donde $q(x) \in P_3[x]$.

Solución: Consideramos la base canónica de $P_3[x]$, a saber, $B = \{1, x, x^2, x^3\}$. Así, los vectores de V tienen las siguientes coordenadas respecto de B: $1 \to (1,0,0,0)_B$; $1 + x \to (1,1,0,0)_B$; $1 + x + x^2 \to (1,1,1,0)_B$; $1 + x + x^2 + x^3 \to$

$(1,1,1,1)_B$. De esta forma, como el determinante que forman dichas coordenadas por columnas es no nulo:

$$\begin{vmatrix} 1 & 0 & 0 & 0 \\ 1 & 1 & 0 & 0 \\ 1 & 1 & 1 & 0 \\ 1 & 1 & 1 & 1 \end{vmatrix} = 1 \neq 0$$

Deducimos que V es una base de $P_3[x]$.

b) Calculemos las imágenes de los elementos de V por f:

$$f(1) = 0; f(1+x) = 0; f(1+x+x^2) = 2; f(1+x+x^2+x^3) = 2 + 6x$$

Destacar que $f(1 + x + x^2 + x^3) = 2 + 6x = -4 + 6(1 + x)$. Luego la matriz asociada a la aplicación f respecto de V es:

$$M_{f,V} = \begin{pmatrix} 0 & 0 & 2 & -4 \\ 0 & 0 & 0 & 6 \\ 0 & 0 & 0 & 0 \\ 0 & 0 & 0 & 0 \end{pmatrix}$$

c) Obsérvese que el núcleo de f será el conjunto de vectores que tengan segunda derivada nula. En este sentido, $\text{Ker } f = \{a + bx : a, b \in \mathbb{R}\}$. De ahí, una base del núcleo viene dada por $\{1, x\}$ y, por ende, $\text{Dim Ker } f = 2$.

De esta forma, $\text{Dim Im } f = \text{Dim } P_3[x] - \text{Dim Ker } f = 4 - 2 = 2$ y la imagen viene caracterizada por las columnas no nulas de $M_{f,V}$, es decir, $\text{Im } f = \langle 2, 2 + 6x \rangle$.

d) Sea $q(x) = a + bx + cx^2 + dx^3$ con $a, b, c, d \in \mathbb{R}$. Comencemos escribiendo las coordenadas del polinomio $6x + 8$ respecto de V: $6x + 8 = 2 + 6(1 + x)$. De ahí, únicamente debemos resolver el siguiente sistema:

$$\begin{pmatrix} 0 & 0 & 2 & -4 \\ 0 & 0 & 0 & 6 \\ 0 & 0 & 0 & 0 \\ 0 & 0 & 0 & 0 \end{pmatrix} \begin{pmatrix} a \\ b \\ c \\ d \end{pmatrix} = \begin{pmatrix} 2 \\ 6 \\ 0 \\ 0 \end{pmatrix} \Rightarrow \begin{cases} 2c - 4d = 2 \\ 6d = 6 \end{cases} \Rightarrow \begin{cases} c = 3 \\ d = 1 \end{cases}$$

Luego $q(x) = a + b(1 + x) + 3(1 + x + x^2) + (1 + x + x^2 + x^3)$ y simplificando la expresión, $q(x) = a + b + 4 + (b + 4)x + 4x^2 + x^3$ con $a, b \in \mathbb{R}$.

Problema 4 – (Extremadura 2002) En el espacio vectorial de las matrices cuadradas de orden dos, consideremos los subconjuntos

$$\begin{cases} L = \left\{ \begin{pmatrix} a - b + 2c & b - 2c \\ 0 & 2c \end{pmatrix} : a, b, c \in \mathbb{R} \right\} \\ M = \left< \begin{pmatrix} 1 & -1 \\ 0 & 0 \end{pmatrix}, \begin{pmatrix} 1 & 0 \\ 0 & -1 \end{pmatrix}, \begin{pmatrix} 0 & 1 \\ 0 & -1 \end{pmatrix} \right> \end{cases}$$

a) Determinar el subconjunto $L \cap M$ y comprobar que $L = L + M$, decidiendo, además, si se trata de una suma directa.

b) Sea $\mathcal{B}_L = \left\{ u = \begin{pmatrix} 1 & -1 \\ 0 & 0 \end{pmatrix}, v = \begin{pmatrix} 1 & 0 \\ 0 & -1 \end{pmatrix}, w = \begin{pmatrix} 0 & 1 \\ 0 & -1 \end{pmatrix} \right\}$ una base de L y consideremos la aplicación dada por: $f(u) = v; f(v) = u; f(w) = w$. Hallar la matriz de f respecto de la base $\mathcal{B}_L$ y los subespacios vectoriales $\text{Ker } f$ e $\text{Im } f$.

Solución: a) Comenzamos descomponiendo las matrices que conforman L para obtener un sistema generador mismo.

$$\begin{pmatrix} a - b + 2c & b - 2c \\ 0 & 2c \end{pmatrix}$$
$$= a \begin{pmatrix} 1 & 0 \\ 0 & 0 \end{pmatrix} + b \begin{pmatrix} -1 & 1 \\ 0 & 0 \end{pmatrix} + c \begin{pmatrix} 2 & -2 \\ 0 & 2 \end{pmatrix}$$

Ahora, comprobamos que son linealmente independientes para tener una base.

$$a \begin{pmatrix} 1 & 0 \\ 0 & 0 \end{pmatrix} + b \begin{pmatrix} -1 & 1 \\ 0 & 0 \end{pmatrix} + c \begin{pmatrix} 2 & -2 \\ 0 & 2 \end{pmatrix} = \begin{pmatrix} 0 & 0 \\ 0 & 0 \end{pmatrix}$$

Esto nos lleva al sistema

$$\begin{cases} a - b + 2c = 0 \\ b - 2c = 0 \\ 2c = 0 \end{cases} \Rightarrow a = b = c = 0$$

Por lo tanto, efectivamente, son linealmente independientes y las matrices $\left\{\begin{pmatrix} 1 & 0 \\ 0 & 0 \end{pmatrix}; \begin{pmatrix} -1 & 1 \\ 0 & 0 \end{pmatrix}; \begin{pmatrix} 2 & -2 \\ 0 & 2 \end{pmatrix}\right\}$ conforman una base de L. Ahora bien, para simplificar los cálculos, en lugar de la matriz $\begin{pmatrix} 2 & -2 \\ 0 & 2 \end{pmatrix}$ consideraremos $\begin{pmatrix} 1 & -1 \\ 0 & 1 \end{pmatrix}$ que es proporcional y más sencilla.

Por otro lado, como de M conocemos directamente un sistema generado, vamos a depurarlo para obtener una base.

$$\begin{pmatrix} 1 & -1 & 0 & 0 \\ 1 & 0 & 0 & -1 \\ 0 & 1 & 0 & -1 \end{pmatrix} \sim \begin{pmatrix} 1 & -1 & 0 & 0 \\ 0 & 1 & 0 & -1 \\ 0 & 1 & 0 & -1 \end{pmatrix}$$
$$\sim \begin{pmatrix} 1 & -1 & 0 & 0 \\ 0 & 1 & 0 & -1 \\ 0 & 0 & 0 & 0 \end{pmatrix}$$

Así, una base de M viene dada por $\left\{\begin{pmatrix} 1 & -1 \\ 0 & 0 \end{pmatrix}; \begin{pmatrix} 0 & 1 \\ 0 & -1 \end{pmatrix}\right\}$.

A continuación, determinamos $L \cap M$.

$$\alpha \begin{pmatrix} 1 & 0 \\ 0 & 0 \end{pmatrix} + \beta \begin{pmatrix} -1 & 1 \\ 0 & 0 \end{pmatrix} + \gamma \begin{pmatrix} 1 & -1 \\ 0 & 1 \end{pmatrix}$$
$$= \lambda \begin{pmatrix} 1 & -1 \\ 0 & 0 \end{pmatrix} + \mu \begin{pmatrix} 0 & 1 \\ 0 & -1 \end{pmatrix}$$

De ahí obtenemos el siguiente sistema de ecuaciones:

$$\begin{cases} \alpha - \beta + \gamma = \lambda \\ \beta - \gamma = -\lambda + \mu \\ \gamma = -\mu \end{cases}$$

Luego, $\alpha = -\gamma = \mu$ y $\beta = -\lambda$. De esta forma, $L \cap M$ viene dado por:

$$-\gamma \begin{pmatrix} 1 & 0 \\ 0 & 0 \end{pmatrix} + \beta \begin{pmatrix} -1 & 1 \\ 0 & 0 \end{pmatrix} + \gamma \begin{pmatrix} 1 & -1 \\ 0 & 1 \end{pmatrix}$$
$$= \beta \begin{pmatrix} -1 & 1 \\ 0 & 0 \end{pmatrix} + \gamma \begin{pmatrix} 0 & -1 \\ 0 & 1 \end{pmatrix}$$

Por lo tanto, obtenemos que $L \cap M = M$. Por consiguiente, $M \subset L$ y $L + M = L$, por lo que la suma no es directa, ya que $L \cap M = M \neq \bar{0}$.

b) Dada la base $\mathcal{B}_L = \{u, v, w\}$ del subespacio L y la aplicación lineal f tal que $f(u) = v; f(v) = u; f(w) = w$, determinar la matriz asociada a la aplicación es inmediato.

$$A = \begin{pmatrix} 0 & 1 & 0 \\ 1 & 0 & 0 \\ 0 & 0 & 1 \end{pmatrix}$$

Así, resolviendo el sistema $A \cdot X = 0$, obtenemos directamente que el núcleo de la aplicación es $Ker(f) = \{0\}$. Además, utilizando el teorema de las dimensiones, $\dim L = \dim Ker(f) + \dim Im(f)$, deducimos que $Im(f) = L$.

Problema 5 – (Murcia 2009) Sea M_3 el espacio de las matrices reales cuadradas de orden tres.

a) Demostrar que el conjunto A de las matrices reales antisimétricas de orden tres es un subespacio vectorial de M_3 y obtener, razonadamente, una base canónica de este subespacio.

b) Si $T: A \to P_3[x]$ es la aplicación lineal definida como

$$T\left[\begin{pmatrix} 0 & a & b \\ -a & 0 & c \\ -b & -c & 0 \end{pmatrix}\right] = ax + bx^2 + cx^3$$

Hallar la matriz de esta aplicación lineal asociada a la base canónica de A y a la base canónica $\{1, x, x^2, x^3\}$ de $P_3[x]$ y escribir la ecuación matricial de la aplicación lineal.

c) Determinar el núcleo y la imagen de esta aplicación lineal y demostrar que es un isomorfismo sobre el conjunto imagen $Im\ T$.
d) Comprobar que se cumple el teorema de las dimensiones.

Solución: a) La clave para ver que se trata de un subespacio vectorial radica en que las matrices antisimétricas verifican que $A_1^t = -A_1$. Veamos que A es cerrado respecto a la suma y el producto por escalar.

- ✓ Sean $A_1, A_2 \in A$: $(A_1 + A_2)^t = A_1^t + A_2^t = -A_1 - A_2 = -(A_1 + A_2)$. Luego la suma es antisimétrica y $(A_1 + A_2) \in A$.
- ✓ Sean $A_1 \in A, \lambda \in \mathbb{R}$: $(\lambda A_1)^t = \lambda A_1^t = \lambda(-A_1) = -(\lambda A_1)$. Así, $\lambda A_1 \in A$.

En definitiva, A es subespacio vectorial de M_3.

A continuación, descomponemos la matriz que caracteriza a las matrices antisimétricas para obtener una base de A.

$$\begin{pmatrix} 0 & a & b \\ -a & 0 & c \\ -b & -c & 0 \end{pmatrix} = a\begin{pmatrix} 0 & 1 & 0 \\ -1 & 0 & 0 \\ 0 & 0 & 0 \end{pmatrix} + b\begin{pmatrix} 0 & 0 & 1 \\ 0 & 0 & 0 \\ -1 & 0 & 0 \end{pmatrix} + c\begin{pmatrix} 0 & 0 & 0 \\ 0 & 0 & 1 \\ 0 & -1 & 0 \end{pmatrix}$$

De ahí, una base de A vendrá dada por dichas matrices:

$$A = \left\langle \begin{pmatrix} 0 & 1 & 0 \\ -1 & 0 & 0 \\ 0 & 0 & 0 \end{pmatrix}, \begin{pmatrix} 0 & 0 & 1 \\ 0 & 0 & 0 \\ -1 & 0 & 0 \end{pmatrix}, \begin{pmatrix} 0 & 0 & 0 \\ 0 & 0 & 1 \\ 0 & -1 & 0 \end{pmatrix} \right\rangle$$

b) Calculamos las imágenes por T de los elementos de la base.

$$T\left[\begin{pmatrix} 0 & 1 & 0 \\ -1 & 0 & 0 \\ 0 & 0 & 0 \end{pmatrix}\right] = x, T\left[\begin{pmatrix} 0 & 0 & 1 \\ 0 & 0 & 0 \\ -1 & 0 & 0 \end{pmatrix}\right]$$
$$= x^2, T\left[\begin{pmatrix} 0 & 0 & 0 \\ 0 & 0 & 1 \\ 0 & -1 & 0 \end{pmatrix}\right] = x^3$$

Luego, la matriz asociada a la aplicación respecto de las bases dadas es

$$M_T = \begin{pmatrix} 0 & 0 & 0 \\ 1 & 0 & 0 \\ 0 & 1 & 0 \\ 0 & 0 & 1 \end{pmatrix}$$

Y la expresión matricial viene dada por $T(x,y,z) = \begin{pmatrix} 0 & 0 & 0 \\ 1 & 0 & 0 \\ 0 & 1 & 0 \\ 0 & 0 & 1 \end{pmatrix}\begin{pmatrix} x \\ y \\ z \end{pmatrix}$

c) Para el núcleo de la aplicación, estudiamos cuando $T(x,y,z) = \begin{pmatrix} 0 & 0 \\ 0 & 0 \end{pmatrix}$. Es sencillo de comprobar que esto únicamente ocurre para $x = y = z = 0$. Por lo tanto, $Ker\ T$ es la matriz nula.

En cuánto a $Im\ T$, al conocer por el apartado anterior las imágenes de los elementos de la base de A, tenemos que $Im\ T =< x, x^2, x^3 >$

Por último, para ver que es un isomorfismo, consideramos la restricción de la aplicación $\tilde{T}: A \to Im\ T$ definida por $\tilde{T}(P) = T(P)$. Nótese que la restricción tiene por matriz asociada respecto de las bases canónicas la matriz $\begin{pmatrix} 1 & 0 & 0 \\ 0 & 1 & 0 \\ 0 & 0 & 1 \end{pmatrix}$ que tiene determinante no nulo. Luego es un isomorfismo.

d) Veamos que se verifica el Teorema de las Dimensiones:

$$dim\,(Ker\,T) + \dim(Im\,T) = 0 + 3 = 3 = \dim A$$

Problema 6 – (C. Valenciana 2015) Consideremos las aplicaciones lineales $f, g\colon \mathbb{R}^3 \to \mathbb{R}^3$ definidas por:

$$\begin{cases} f(x,y,z) = (x+y, 2x-z, 2y+z) \\ \quad g(x,y,z) = (x,y,0) \end{cases}$$

Calcular:

  a) Una base, ecuaciones y dimensión de sus núcleos.
  b) Una base, ecuaciones y dimensión de sus imágenes.
  c) Las matrices asociadas, respecto de la base canónica de $\mathbb{R}^3$, a $f, g, f \circ g$ y $g \circ f$.

Solución: a,b) Empezamos estudiando la aplicación f. Para determinar su núcleo, resolvemos el siguiente sistema:

$$\begin{cases} x+y = 0 \\ 2x - z = 0 \\ 2y + z = 0 \end{cases} \Longrightarrow x = \lambda;\, y = -\lambda;\, z = 2\lambda$$

Luego, las ecuaciones paramétricas son $\begin{pmatrix} x \\ y \\ z \end{pmatrix} = \lambda \begin{pmatrix} 1 \\ -1 \\ 2 \end{pmatrix}$, de dónde deducimos las ecuaciones implícitas $\begin{cases} x+y=0 \\ 2x-z=0 \end{cases}$; una base, $\{(1,-1,2)\}$, y la dimensión, $\dim Ker(f) = 1$.

De lo anterior, deducimos que la $\dim Im\,(f) = 2$. Para hallar una base y las ecuaciones que la describen, calculamos las imágenes de los vectores de la base: $f(1,0,0) = (1,2,0);\, f(0,1,0) = (1,0,2);\, f(0,0,1) = (0,-1,1)$.
Si reducimos la matriz que forman los vectores imágenes por el método de Gauss es sencillo comprobar que los dos primeros forman un sistema generador de la imagen. De ahí, la base de $Im(f)$ es $\{(1,2,2),(1,0,0)\}$. Terminemos calculando las ecuaciones.

$$\begin{pmatrix} x \\ y \\ z \end{pmatrix} = \alpha \begin{pmatrix} 1 \\ 2 \\ 0 \end{pmatrix} + \beta \begin{pmatrix} 1 \\ 0 \\ 2 \end{pmatrix} = \begin{pmatrix} \alpha + \beta \\ 2\alpha \\ 2\beta \end{pmatrix} \Rightarrow \alpha = \frac{y}{2}; \beta = \frac{z}{2} \Rightarrow x = \frac{y+z}{2}$$

Por lo tanto, la ecuación implícita es $2x - y - z = 0$.

A continuación, procedemos de manera análoga con g. Para el núcleo:

$$g(x,y,z) = (0,0,0) \Rightarrow x = 0 = y; z = \alpha$$

En definitiva, una base viene dada por $(0,0,1)$, la $\dim Ker(g) = 1$ y las ecuaciones son $\begin{cases} x = 0 \\ y = 0 \end{cases}$.

De nuevo, $\dim Im(g) = 2$. Calculamos las imágenes de los vectores de la base: $g(1,0,0) = (1,0,0); g(0,1,0) = (0,1,0); g(0,0,1) = (0,0,0)$. Tras reducir la matriz que conforman los vectores imagen, llegamos a que una base de $Im(g)$ viene dada por $\{(1,0,0); (0,1,0)\}$. Por último, esto implica que las ecuaciones paramétricas son $\begin{cases} x = \alpha \\ y = \beta \\ z = 0 \end{cases}$ y, por ende, la ecuación implícita es $z = 0$.

c) Al haber calculado en el apartado anterior las imágenes de la base canónica por las aplicaciones f y g se tienen directamente las matrices asociadas:

$$M_f = \begin{pmatrix} 1 & 1 & 0 \\ 2 & 0 & -1 \\ 0 & 2 & 1 \end{pmatrix} \quad y \quad M_g = \begin{pmatrix} 1 & 0 & 0 \\ 0 & 1 & 0 \\ 0 & 0 & 0 \end{pmatrix}$$

Además, la matriz asociada a la composición de dos aplicaciones lineales es igual al producto de las matrices asociadas a las aplicaciones que se componen. En este sentido,

$$M_{f \circ g} = M_f \cdot M_g = \begin{pmatrix} 1 & 1 & 0 \\ 2 & 0 & -1 \\ 0 & 2 & 1 \end{pmatrix} \cdot \begin{pmatrix} 1 & 0 & 0 \\ 0 & 1 & 0 \\ 0 & 0 & 0 \end{pmatrix} = \begin{pmatrix} 1 & 1 & 0 \\ 2 & 0 & 0 \\ 0 & 2 & 0 \end{pmatrix}$$

$$M_{g \circ f} = M_g \cdot M_f = \begin{pmatrix} 1 & 0 & 0 \\ 0 & 1 & 0 \\ 0 & 0 & 0 \end{pmatrix} \cdot \begin{pmatrix} 1 & 1 & 0 \\ 2 & 0 & -1 \\ 0 & 2 & 1 \end{pmatrix}$$
$$= \begin{pmatrix} 1 & 1 & 0 \\ 2 & 0 & -1 \\ 0 & 0 & 0 \end{pmatrix}$$

Problemas propuestos:

Propuesto 1 – Sea una aplicación lineal $f: \mathbb{R}^3 \to \mathbb{R}^4$ tal que $(1,1,3) \in Ker\, f$ y que $f(1,0,1) = (1,2,3,4)$; $f(1,1,b) = (1,0,1,0)$ y $f(2,1,1+b) = (b,b,2b,2b)$ para un cierto $b \in \mathbb{R}$. Determina el valor de b y calcula la matriz de f en las bases canónicas y una base de $Im(f)$.

Propuesto 2 – Consideramos el espacio vectorial sobre $\mathbb{R}$ de las funciones reales de clase C^∞ y un subconjunto $S = \{f_{a,b} = ae^{2x} + be^{-2x} : a, b \in \mathbb{R}\}$.

a) Demostrar que se verifica $f_{a,b} - 4f_{a,b} = 0$ para todo $f_{a,b} \in S$.
b) Probar que S es un subespacio vectorial del que es una base el conjunto $\{f_{1,0}, f_{0,1}\}$.
c) Demostrar que para todo $n \in \mathbb{N}$, la aplicación F_n que a $f_{a,b}$ le asocia su derivada de orden n, es un endomorfismo de S. Además, calcular la matriz de F_n respecto a la base anterior.

Propuesto 3 – Sea $P_2[x]$ el espacio vectorial real de los polinomios de una indeterminada con coeficientes reales de grado menor o igual que dos. Sea $B = \{1, x, x^2\}$ la base canónica de dicho espacio. Consideramos el endomorfismo de f de $P_2[x]$ determinado por las siguientes condiciones:

✓ $f(1) = 3 + 2x + x^2$
✓ $x - 2x^2 \in Im\, f$
✓ $Ker\, f = \{a + bx + cx^2 \in Im\, f / b = 0\}$
✓ $Im\, f^2 = ker\, f$

✓ La primera coordenada de $f(1-x)$ respecto de B es -2.

Entonces,

a) Determinar el núcleo y la imagen de f.
b) Obtener la matriz asociada a f respecto de la base B y la imagen por f de un poliomio de $P_2[x]$.
c) Hallar la matriz asociada a f en las bases B y $B' = \{1, 1+x, 1+x+x^2\}$.

Propuesto 4 – Sea un homomorfismo $f: \mathbb{R}^4 \to \mathbb{R}^3$ definido por

$$f(1,1,1,1) = (0,0,1); \quad f(1,0,1,0) = (1,1,-1);$$

$$f(1,1,1,0) = (0,0,-1); \quad f(-1,-2,0,0) = (1,1,1)$$

a) Hallar la matriz de la aplicación en bases canónicas.
b) Determinar la dimensión, ecuaciones y bases del núcleo y de la imagen de la aplicación.

Propuesto 5 – **(Andalucía 1996)** Sea considera el espacio vectorial $P_n[x]$ de los polinomios de una indeterminada con coeficientes reales de grado menor o igual que n.

a) Demostrar que $B = \{1, x, \dots, x^n\}$ es una base de $P_n[x]$.
b) Demostrar que $B' = \{1, 1+x, \dots, (1+x)^n\}$ es una base de $P_n[x]$.
c) Expresar las ecuaciones de cambio de base de B' a B.
d) Calcular las coordenadas de $(1,1,\dots,1)_{B'}$ en B.

Propuesto 6 – **(Aragón 2002)** Sea $f: \mathbb{R}^5 \to \mathbb{R}^3$ una aplicación lineal cuya matriz asociada respecto de las bases canónicas es:

$$A = \begin{pmatrix} 3 & 2 & 1 & 3 \\ 4 & 3 & 2 & 5 \\ 1 & 2 & 3 & 5 \\ 2 & 3 & 4 & 7 \\ 5 & 3 & 1 & 4 \end{pmatrix}$$

Hallar las bases de $\mathbb{R}^5$ y $\mathbb{R}^3$ respecto de las cuales la matriz asociada a f es:

$$B = \begin{pmatrix} 1 & 0 & 0 & 0 \\ 0 & 1 & 0 & 0 \\ 0 & 0 & 0 & 0 \\ 0 & 0 & 0 & 0 \\ 0 & 0 & 0 & 0 \end{pmatrix}$$

Propuesto 7 – (Madrid 2000) Consideramos las bases $B = \{1, x, x^2, \ldots, x^n\}$ y $B' = \{1, x - a, \ldots, (x - a)^n\}$ del espacio vectorial de los polinomios reales de grado menor o igual que n.

    a) Calcúlese la matriz del cambio de base de B a B'.
    b) Utilícese el resultado anterior para probar la Fórmula de Taylor:

$$p(x) = p(a) + p'(a)(x - a) + \left(\frac{p''(a)}{2!}\right)(x - a)^2 + \cdots + \left(\frac{p^n(a)}{n!}\right)(x - a)^n$$

Propuesto 8 – (Navarra 2000) Se considera el subconjunto $S \subset \mathbb{R}^n$ formado por las $n-$uplas cuyos elementos están, consecutivamente, en progresión aritmética.

    a) Probar que S es un subespacio vectorial de $\mathbb{R}^n$ y determinar una base del mismo. ¿Cuáles son las coordenadas del vector $(2,4,6,\ldots,2n)$ respecto de la base hallada?
    b) Se define una aplicación $f\colon S \to \mathbb{R}^n$ tal que, a cada $n-$upla de S, le hace corresponder la suma de sus componentes. Comprobar si f es una aplicación lineal y, en caso afirmativo, calcular su núcleo.

Diagonalización

Problema 1 – (Comunidad Valenciana 2009) Demostrar que la matriz A es diagonalizable y encontrar una matriz P tal que $P^{-1}AP$ sea una matriz diagonal.

$$A = \begin{pmatrix} 2 & 0 & -1 & 0 \\ 4 & -3 & 1 & -3 \\ 6 & -6 & 3 & -6 \\ 2 & -2 & 1 & -2 \end{pmatrix}$$

Solución: Comenzamos calculando los valores propios de la matriz:

$$p_A(\lambda) = \begin{vmatrix} 2-\lambda & 0 & -1 & 0 \\ 4 & -3-\lambda & 1 & -3 \\ 6 & -6 & 3-\lambda & -6 \\ 2 & -2 & 1 & -2-\lambda \end{vmatrix} = 0$$

Desarrollamos el determinante por la primera fila:

$$(2-\lambda)\begin{vmatrix} -3-\lambda & 1 & -3 \\ -6 & 3-\lambda & -6 \\ -2 & 1 & -2-\lambda \end{vmatrix} - \begin{vmatrix} 4 & -3-\lambda & -3 \\ 6 & -6 & -6 \\ 2 & -2 & -2-\lambda \end{vmatrix}$$
$$= \lambda^2(\lambda - 1)(\lambda + 1) = 0$$

Así, los valores propios son: $\lambda_1 = 0$ (doble), $\lambda_2 = 1$ y $\lambda_3 = -1$.

A continuación, calculamos los vectores propios asociados a cada autovalor.

✓ $\lambda_1 = 0$:

$$\begin{pmatrix} 2 & 0 & -1 & 0 \\ 4 & -3 & 1 & -3 \\ 6 & -6 & 3 & -6 \\ 2 & -2 & 1 & -2 \end{pmatrix} \sim \begin{pmatrix} 1 & 0 & -1 & 0 \\ 2 & -1 & 1 & 0 \\ 3 & -2 & 3 & 0 \\ 0 & 0 & 0 & 0 \end{pmatrix}$$

$$\sim \begin{pmatrix} 1 & 0 & -1 & 0 \\ 0 & -1 & 3 & 0 \\ 0 & -2 & 6 & 0 \\ 0 & 0 & 0 & 0 \end{pmatrix}$$

De ahí, obtenemos las ecuaciones $\begin{cases} x - z = 0 \\ -y + 3z = 0 \end{cases}$.

Tomando $z = \alpha$ y $t = \beta$, llegamos a que $\begin{pmatrix} x \\ y \\ z \\ t \end{pmatrix} = \alpha \begin{pmatrix} 1 \\ 3 \\ 1 \\ 0 \end{pmatrix} + \beta \begin{pmatrix} 0 \\ 0 \\ 0 \\ 1 \end{pmatrix}$ y, por ende, los vectores propios asociados son $v_1 = (1,3,1,0)$ y $v_2 = (0,0,0,1)$.

✓ $\lambda_2 = 1$:

$$\begin{pmatrix} 1 & 0 & -1 & 0 \\ 4 & -4 & 1 & -3 \\ 6 & -6 & 2 & -6 \\ 2 & -2 & 1 & -3 \end{pmatrix} \sim \begin{pmatrix} 1 & 0 & -1 & 0 \\ 0 & 2 & 1 & 1 \\ 0 & 3 & 2 & 2 \\ 0 & 1 & 1 & 1 \end{pmatrix}$$

$$\sim \begin{pmatrix} 1 & 0 & -1 & 0 \\ 0 & 2 & 0 & 1 \\ 0 & 3 & 0 & 2 \\ 0 & 1 & 0 & 1 \end{pmatrix} \sim \begin{pmatrix} 1 & 0 & 0 & 0 \\ 0 & 2 & 0 & 1 \\ 0 & 3 & 0 & 2 \\ 0 & 1 & 0 & 1 \end{pmatrix}$$

Las ecuaciones correspondientes son $\begin{cases} x = 0 \\ 2y + t = 0 \\ 3y + 2t = 0 \\ y + t = 0 \end{cases}$, de donde deducimos que $x = y = t = 0$. Esto implica que el vector propio asociado es $v_3 = (0,0,1,0)$.

✓ $\lambda_3 = -1$:

$$\begin{pmatrix} -3 & 0 & -1 & 0 \\ 4 & -2 & 1 & -3 \\ 6 & -6 & 4 & -6 \\ 2 & -2 & 1 & -1 \end{pmatrix} \sim \begin{pmatrix} 3 & 0 & -1 & 0 \\ 4 & -2 & 1 & -3 \\ 3 & -3 & 2 & -3 \\ -2 & 2 & -1 & 1 \end{pmatrix}$$

$$\sim \begin{pmatrix} 3 & 0 & -1 & 0 \\ -2 & 4 & -2 & 0 \\ -3 & 3 & -1 & 0 \\ -2 & 2 & -1 & 1 \end{pmatrix} \sim \begin{pmatrix} 0 & 0 & 0 & 0 \\ -4 & -2 & 0 & 0 \\ 3 & -3 & 1 & 0 \\ -2 & 2 & -1 & 1 \end{pmatrix}$$

Así, obtenemos el sistema $\begin{cases} 2x + y = 0 \\ 3x - 3y + z = 0 \\ -2x + 2y - z + t = 0 \end{cases}$.

Nótese que tomando $x = \alpha$, se deduce que $y = -2\alpha$, $z = -9\alpha$, $t = -3\alpha$. Luego el vector propio será

$v_4 = (1, -2, -9, -3)$.

En definitiva, la matriz A es diagonalizable. La matriz diagonal D es la que tiene los valores propios en la diagonal y la matriz de paso P la que tiene los vectores propios correspondientes por columnas:

$$D = \begin{pmatrix} 0 & 0 & 0 & 0 \\ 0 & 0 & 0 & 0 \\ 0 & 0 & 1 & 0 \\ 0 & 0 & 0 & -1 \end{pmatrix} \text{ y } P = \begin{pmatrix} 1 & 0 & 0 & 1 \\ 3 & 0 & 0 & -2 \\ 1 & 0 & 1 & -9 \\ 0 & 1 & 0 & -3 \end{pmatrix}$$

Problema 2 – (Ceuta 2016) Se considera la aplicación $f: \mathbb{R}^3 \to \mathbb{R}^3$ definida por

$$f(x, y, z) = (x - 4y, -y, 2y + z)$$

a) Demuestre que f es un endomorfismo del espacio vectorial $\mathbb{R}^3$.
b) Determine la expresión matricial de f respecto de la base canónica de $\mathbb{R}^3$.
c) Calcule el núcleo y la imagen de f.

d) Calcule los valores propios de f y los subespacios de vectores propios asociados.

e) Determine si la matriz A asociada a la aplicación lineal f en la base canónica es diagonalizable y, en caso afirmativo, calcule una matriz diagonal semejante a A y una matriz de paso correspondiente.

f) Calcule la matriz A^9.

Solución: a) Sean $\vec{u} = (x_1, y_1, z_1)$ y $\vec{v} = (x_2, y_2, z_2)$ vectores de $\mathbb{R}^3$. Comprobar que f es un endomorfismo consiste en probar que $f(\lambda \vec{u} + \mu \vec{v}) = \lambda f(\vec{u}) + \mu f(\vec{v})$. Veámoslo:

$$\lambda f(\vec{u}) + \mu f(\vec{v})$$
$$= \lambda(x_1 - 4y_1, -y_1, 2y_1 + z_1)$$
$$+ \mu(x_2 - 4y_2, -y_2, 2y_2 + z_2)$$

Tras realizar los productos y la suma correspondientes, obtenemos lo siguiente:

$$(\lambda(x_1 - 4y_1) + \mu(x_2 - 4y_2), -\lambda y_1 - \mu y_2, \lambda(2y_1 + z_1)$$
$$+ \mu(2y_2 + z_2)) = f(\lambda \vec{u} + \mu \vec{v})$$

b) Calculamos las imágenes de los vectores de la base canónica para hallar la matriz asociada a la aplicación:

$$\begin{cases} f(1,0,0) = (1,0,0) \\ f(0,1,0) = (-4,-1,2) \\ f(0,0,1) = (0,0,1) \end{cases} \Rightarrow M_f = \begin{pmatrix} 1 & -4 & 0 \\ 0 & -1 & 0 \\ 0 & 2 & 1 \end{pmatrix}$$

c) El núcleo de la aplicación queda determinado por las soluciones del sistema $\begin{cases} x - 4y = 0 \\ -y = 0 \\ 2y + z = 0 \end{cases}$, que es $x = y = z = 0$. Por lo tanto, $\text{Ker } f = \{\vec{0}\}$.

Por otro lado, como $\text{Dim } \mathbb{R}^3 = \text{Dim Ker } f + \text{Dim Im } f$, tenemos que $\text{Dim Im } f = 3$, ya que $\text{Dim Ker } f = 0$. De ahí que $\text{Im } f = \mathbb{R}^3$.

d) Calculamos el polinomio característico de M_f:

$$p(\lambda) = \begin{vmatrix} 1-\lambda & -4 & 0 \\ 0 & -1-\lambda & 0 \\ 0 & 2 & 1-\lambda \end{vmatrix} = (1-\lambda)^2(-1-\lambda)$$

Luego las soluciones de $p(\lambda) = 0$ nos proporcionan los valores propios de la aplicación, que son $\lambda_1 = 1$ (doble) y $\lambda_2 = -1$ (simple).

✓ $\lambda_1 = 1$:
$$\begin{pmatrix} 0 & -4 & 0 \\ 0 & -2 & 0 \\ 0 & 2 & 0 \end{pmatrix} \Longrightarrow y = 0 \Longrightarrow E_\lambda = <(1,0,0),(0,0,1)>$$

✓ $\lambda_2 = -1$:
$$\begin{pmatrix} 2 & -4 & 0 \\ 0 & 0 & 0 \\ 0 & 2 & 2 \end{pmatrix} \Longrightarrow \begin{cases} 2x - 4y = 0 \\ 2y + 2z = 0 \end{cases} \Longrightarrow z = \alpha, y = -\alpha, x = -2\alpha$$

Por lo tanto, el subespacio de vectores propios viene determinado por $E_\lambda = <(2,1,-1)>$.

e) Por el apartado anterior sabemos que la matriz sí es diagonalizable siendo la matriz diagonal y de paso las siguientes:

$$D = \begin{pmatrix} 1 & 0 & 0 \\ 0 & 1 & 0 \\ 0 & 0 & -1 \end{pmatrix} \quad y \quad P = \begin{pmatrix} 1 & 0 & 2 \\ 0 & 0 & 1 \\ 0 & 1 & -1 \end{pmatrix}$$

f) Por el apartado anterior, $A = PDP^{-1}$. De ahí, $A^9 = PD^9P^{-1}$. Ahora, nótese que $D^9 = D$, ergo $A^9 = PD^9P^{-1} = PDP^{-1} = A$.

Problema 3 – (Ceuta 2018) Considere la aplicación $f: \mathbb{R}^3 \to \mathbb{R}^3$ tal que $f(e_1) = e_2 + e_3$; $f(e_2) = e_1 + e_3$ y $f(e_3) = e_1 + e_2$ donde $\mathcal{B} = \{e_1, e_2, e_3\}$ es la base canónica de $\mathbb{R}^3$.

    a) Construya la matriz asociada a f y compruebe si es inyectiva.

b) Sea $f^1 = f; f^n = f^{n-1} \circ f$ la composición. Probar que $f^n = a_n f + b_n I$ siendo a_n, b_n números a determinar.

Solución: a) La matriz asociada a la aplicación se construye a partir de las coordenadas de la imagen de los vectores de la base:

$$f(e_1) = (0,1,1); \; f(e_2) = (1,0,1); \; f(e_3) = (1,1,0)$$

En este sentido, la matriz asociada a f es $M_f = \begin{pmatrix} 0 & 1 & 1 \\ 1 & 0 & 1 \\ 1 & 1 & 0 \end{pmatrix}$.

Por otro lado, para ver que es inyectiva tenemos que comprobar que el núcleo de la aplicación es el vector nulo. Para ello resolvemos el sistema $\begin{pmatrix} 0 & 1 & 1 \\ 1 & 0 & 1 \\ 1 & 1 & 0 \end{pmatrix} \begin{pmatrix} x \\ y \\ z \end{pmatrix} = \begin{pmatrix} 0 \\ 0 \\ 0 \end{pmatrix}$. Nótese que se trata de un sistema homogéneo por ser la columna de términos independientes nula. Esto implica que el sistema es compatible, pues $x = 0, y = 0, z = 0$ es solución del mismo. Por lo tanto, es suficiente con calcular el determinante de M_f para saber si es determinado y, por ende, la solución nula es la única; o si por el contrario es indeterminado y hay infinitas soluciones. Tenemos que $\begin{vmatrix} 0 & 1 & 1 \\ 1 & 0 & 1 \\ 1 & 1 & 0 \end{vmatrix} = 2$. Luego la única solución del sistema es $x = 0, y = 0, z = 0$, lo que nos lleva a que $Ker\, f = \{\vec{0}\}$ y, por ende, la aplicación es inyectiva.

Problema 4 – (La Rioja 2018) Dada la matriz $T = (t_{ij})_{1 \leq i,j \leq 3}$ definida por $t_{ij} = \begin{cases} 0 \text{ si } i = j \\ 1 \text{ si } i \neq j \end{cases}$. Demostrar que para todo $k \in \mathbb{N}$, existen $a_k, b_k \in \mathbb{R}$ tal que $T^k = a_k T + b_k I_3$ y hallar la relación de recurrencia de los escalares a_k y b_k.

Solución: Consideramos la matriz $T = \begin{pmatrix} 0 & 1 & 1 \\ 1 & 0 & 1 \\ 1 & 1 & 0 \end{pmatrix}$. En primer lugar, calculamos los autovalores de la matriz, para ello buscamos las raíces del polinomio característico:

$$p(\lambda) = 0 \Longrightarrow \begin{vmatrix} -\lambda & 1 & 1 \\ 1 & -\lambda & 1 \\ 1 & 1 & -\lambda \end{vmatrix} = -(\lambda - 2)(\lambda + 1)^2 = 0$$

Luego tenemos dos autovalores, a saber, $\lambda_1 = -1$ con multiplicidad dos; y $\lambda_2 = 2$ con multiplicidad uno. Ahora calculamos los autovectores correspondientes a cada autovalor.

✓ $\lambda_1 = -1$:
$$\begin{pmatrix} 1 & 1 & 1 \\ 1 & 1 & 1 \\ 1 & 1 & 1 \end{pmatrix} \begin{pmatrix} x \\ y \\ z \end{pmatrix} = \begin{pmatrix} 0 \\ 0 \\ 0 \end{pmatrix} \Longrightarrow x + y + z = 0$$

Por lo tanto, tomamos como autovectores $v_1 = (1,0,-1)$ y $v_2 = (0,1,-1)$.

✓ $\lambda_2 = 2$:
$$\begin{pmatrix} -2 & 1 & 1 \\ 1 & -2 & 1 \\ 1 & 1 & -2 \end{pmatrix} \begin{pmatrix} x \\ y \\ z \end{pmatrix} = \begin{pmatrix} 0 \\ 0 \\ 0 \end{pmatrix}$$

Escalonando la matriz por el método de Gauss, llegamos a que
$$\begin{pmatrix} 0 & 0 & 0 \\ 0 & -1 & 1 \\ 1 & 1 & -2 \end{pmatrix} \begin{pmatrix} x \\ y \\ z \end{pmatrix} = \begin{pmatrix} 0 \\ 0 \\ 0 \end{pmatrix} \Longrightarrow x = y = z$$

De ahí, tomamos como autovector $v_3 = (1,1,1)$.

En conclusión, la matriz T es diagonalizable con $D = \begin{pmatrix} -1 & 0 & 0 \\ 0 & -1 & 0 \\ 0 & 0 & 2 \end{pmatrix}$ y matriz de paso $P = \begin{pmatrix} 1 & 0 & 1 \\ 0 & 1 & 1 \\ -1 & -1 & 1 \end{pmatrix}$. Luego se cumple que $T = PDP^{-1}$.

De esta manera, para todo $k \in \mathbb{N}$, tenemos que $T^k = PD^kP^{-1}$:

$$T^k = \begin{pmatrix} 1 & 0 & 1 \\ 0 & 1 & 1 \\ -1 & -1 & 1 \end{pmatrix} \begin{pmatrix} (-1)^k & 0 & 0 \\ 0 & (-1)^k & 0 \\ 0 & 0 & 2^k \end{pmatrix} \begin{pmatrix} 2/3 & -1/3 & -1/3 \\ -1/3 & 2/3 & -1/3 \\ 1/3 & 1/3 & 1/3 \end{pmatrix}$$

Realizamos los productos correspondientes y obtenemos que:

$$T^k = \begin{pmatrix} \dfrac{2(-1)^k + 2^k}{3} & \dfrac{-(-1)^k + 2^k}{3} & \dfrac{-(-1)^k + 2^k}{3} \\ \dfrac{-(-1)^k + 2^k}{3} & \dfrac{2(-1)^k + 2^k}{3} & \dfrac{-(-1)^k + 2^k}{3} \\ \dfrac{-(-1)^k + 2^k}{3} & \dfrac{-(-1)^k + 2^k}{3} & \dfrac{2(-1)^k + 2^k}{3} \end{pmatrix}$$

Nótese que dicha matriz puede descomponerse como:

$$T^k = \frac{-(-1)^k + 2^k}{3} T + \frac{2(-1)^k + 2^k}{3} I_3$$

Por consiguiente, para todo $k \in \mathbb{N}$, $a_k = \frac{-(-1)^k + 2^k}{3}$ y $b_k = \frac{2(-1)^k + 2^k}{3}$.

Problemas propuestos:

Propuesto 1 – (Cantabria 2012) Se considera el endomorfismo de $\mathbb{R}^4$ cuya matriz asociada respecto de la base canónica de $\mathbb{R}^4$ es la siguiente:

$$A = \begin{pmatrix} 1 & 1 & 1 & 1 \\ 1 & 1 & -1 & -1 \\ 1 & -1 & 1 & -1 \\ 1 & -1 & -1 & 1 \end{pmatrix}$$

a) Estudie si f es diagonalizable sobre $\mathbb{R}^4$.
b) En caso afirmativo, encuentre una base de $\mathbb{R}^4$ respecto de la cual la matriz asociada a f es diagonal.

Propuesto 2 – (Comunidad Valenciana 2021) Los números de Fibonacci 1,1,2,3,5,8,13, ... forman una sucesión llamada sucesión de Fibonacci $\{F_n\}$ que se define recurrentemente como

$$F_1 = 1; F_2 = 1 \text{ y } F_n = F_{n-1} + F_{n-2} \text{ para } n \geq 3$$

a) Probar que dos números de Fibonacci consecutivos son primos entre sí.

b) Dada la matriz $A = \begin{pmatrix} 1 & 1 \\ 1 & 0 \end{pmatrix}$, demostrar que $A^n = \begin{pmatrix} F_{n+1} & F_n \\ F_n & F_{n-1} \end{pmatrix}$ para $n \geq 2$.

c) Comprobar que la matriz A del apartado anterior es diagonalizable y calcular la matriz $P \in GL_2(\mathbb{R})$ tal que $P^{-1}AP = D$ donde $D = \begin{pmatrix} d_1 & 0 \\ 0 & d_2 \end{pmatrix}$ es la matriz diagonal. Utiliza este resultado para obtener el término general de la sucesión $\{F_n\}$ como una fórmula no recurrente (llamada fórmula de Binet).

d) Deducir de los apartados b y c la identidad de Cassini:

$$F_{n+1}F_{n-1} - F_n^2 = (-1)^2$$

Propuesto 3 – Dada la matriz $A = \begin{pmatrix} 3 & -2 & 0 \\ -2 & 3 & 0 \\ 0 & 0 & 5 \end{pmatrix}$:

a) Calcule los valores propios y los vectores propios.

b) Determine la base en la cual diagonaliza la matriz A, la matriz diagonalizada D y la matriz de paso P.

c) Calcule A^n y D^n y ponga el resultado de la forma $A^n = a^n M + b^n N$ para $n \in \mathbb{Z}$, siendo M y N dos matrices a calcular tales que $M + N = I$ y a y b son dos valores propios de A.

Propuesto 4 – Sea $A \in M_3(\mathbb{R})$ la matriz

$$A = \begin{pmatrix} 0 & a & a^2 \\ a^{-1} & 0 & a \\ a^{-2} & a^{-1} & 0 \end{pmatrix}; \ a \in \mathbb{R} \setminus \{0\}$$

a) Demostrar que A es invertible y calcular su inversa.
b) Estudiar la diagonalización de A en función de los valores del parámetro y, cuando sea posible, determinar una matriz de paso tal que $P^{-1}AP = D$ sea diagonal.
c) Calcular A^n para todo $n \in \mathbb{N}$.

Propuesto 5 – Consideramos la aplicación lineal $f: V \to V$ tal que $f(v_1) = 2v_1 + 2v_2 + 3v_3$; $f(v_2) = v_1 + 3v_2 + 3v_3$ y $f(v_3) = v_1 + 2v_2 + 4v_3$ siendo $\{v_1, v_2, v_3\}$ una base de V.

a) Determina una base para cada uno de sus subespacios propios.
b) Estudia si la matriz asociada a f es diagonalizable.

Propuesto 6 – Sea la matriz

$$A = \begin{pmatrix} 5 & 0 & 0 \\ 0 & -1 & b \\ 3 & 0 & a \end{pmatrix}$$

Estudiar para qué valores de a y b la matriz es diagonalizable. Además, determinar los valores y vectores propios.

BLOQUE 3 – Análisis

Sucesiones

Problema 1 – (Aragón 2018) Dada la sucesión

$$a_1 = \sqrt{k};\ a_2 = \sqrt{k + \sqrt{k}};\ a_3 = \sqrt{k + \sqrt{k + \sqrt{k}}};\ \ldots\ (k > 0)$$

Demostrar que es convergente y hallar su límite.

Solución: Nótese que la sucesión viene dada por $a_n = \sqrt{k + a_{n-1}}$. Vamos a probar que se trata de una sucesión convergente viendo que es monótona y acotada.

Para la monotonía procederemos por inducción. Teniendo en cuenta los primeros elementos descritos en el enunciado, es claro que $a_1 < a_2 < a_3$ para todo $k > 0$. Supongamos que $a_{n-1} < a_n$. De esta forma,

$$a_{n+1} = \sqrt{k + a_n} > \sqrt{k + a_{n-1}} = a_n$$

De ahí llegamos a que la sucesión es estrictamente creciente.

Ahora veamos que está acotada superiormente. Si lo estuviera, la sucesión sería convergente. Llamamos L al límite de la sucesión.

$$\lim_{n \to \infty} a_n = \lim_{n \to \infty} \sqrt{k + a_{n-1}} \Longrightarrow L = \sqrt{k + L} \Longrightarrow L^2 - L - k = 0$$

Al ser $k > 0$, el único candidato a límite es la solución positiva de la ecuación anterior, a saber, $L = \frac{1+\sqrt{1+4k}}{2}$. A continuación, supongamos que $a_n < \frac{1+\sqrt{1+4k}}{2}$ y procedamos por inducción:

$$a_{n+1} = \sqrt{k + a_n} < \sqrt{k + \frac{1+\sqrt{1+4k}}{2}} = \sqrt{\left(\frac{1+\sqrt{1+4k}}{2}\right)^2}$$
$$= \frac{1+\sqrt{1+4k}}{2}$$

En definitiva, está acotada superiormente. Por ende, la sucesión es convergente y su límite es $\frac{1+\sqrt{1+4k}}{2}$.

Problema 2 – (C. Valenciana 2009) Se considera la sucesión $(a_n)_{n\geq 0}$ de números reales dada recurrentemente por $a_1 = 1$ y $a_n = \sqrt{4 + 3a_{n-1}}$.

a) Demuestre que $(a_n)_{n\geq 0}$ es monótona y acotada.
b) Calcule $\lim\limits_{n\to\infty} a_n$, justificando previamente su existencia.

Solución: a) Comencemos probando la monotonía de la sucesión por inducción.

$$a_1 = 1; \quad a_2 = \sqrt{7}; \quad a_3 = \sqrt{4 + 3\sqrt{7}}$$

Observando los primeros términos, parece que la sucesión es creciente. En ese sentido, suponemos como hipótesis de inducción que $a_n > a_{n-1}$ y probemos que la desigualdad es cierta para $n + 1$:

$$a_{n+1} = \sqrt{4 + 3a_n} > \sqrt{4 + 3a_{n-1}} = a_n$$

Por lo tanto, $(a_n)_{n\geq 0}$ es una sucesión estrictamente creciente.

A continuación demostremos la acotación de la sucesión. Nótese que como hemos probado que la sucesión es monótona, si además ésta fuera acotada, tendría que ser convergente. Llamemos L a dicho límite. De esta forma,

$$\lim_{n\to\infty} a_n = \lim_{n\to\infty} \sqrt{4+3a_{n-1}} \Rightarrow L = \sqrt{4+3L} \Rightarrow L^2 - 3L - 4 = 0$$

La ecuación anterior tiene dos soluciones, a saber, $L = -1$ y $L = 4$. Ahora bien, al ser $(a_n)_{n\geq 0}$ una sucesión estrictamente creciente con $a_1 = 1$, $L = -1$ queda descartado. Comprobemos que 4 es una cota superior de la sucesión por inducción.

En los primeros casos, $a_1 = 1 < 4$; $a_2 = \sqrt{7} < 4$. Supongamos que $a_n < 4$. Así, $a_{n+1} = \sqrt{4+3a_n} < \sqrt{4+3\cdot 4} = 4$. Luego, efectivamente, la sucesión está acotada.

b) Una vez probado en el apartado anterior que la sucesión de números reales es monótona y acotada, se tiene garantizada la convergencia. Además, el límite no puede ser otro que el calculado previamente, es decir, $\lim_{n\to\infty} a_n = 4$.

Problema 3 – (Madrid 2006) Calcula el siguiente límite de sucesiones:

$$\lim_{n\to\infty} \left(\frac{n}{n^2+1^2} + \frac{n}{n^2+2^2} + \cdots + \frac{n}{n^2+n^2} \right)$$

Solución: a) Calculemos el límite utilizando el criterio integral (recordemos el criterio: $\lim_{n\to\infty} \frac{1}{n}\sum_{k=1}^{n} f\left(\frac{k}{n}\right) = \int_0^1 f(x)dx$). En primer lugar, nótese que podemos reescribir el límite pedido como sigue:

$$\lim_{n\to\infty} \frac{n}{n^2} \left[\frac{1}{1+\left(\frac{1}{n}\right)^2} + \cdots + \frac{1}{1+\left(\frac{n}{n}\right)^2} \right]$$

Aplicando el criterio integral, dicho límite se corresponde con

$$\int_0^1 \frac{1}{1+x^2}\,dx = rctg\, x|_0^1 = \frac{\pi}{4}$$

En definitiva, $\lim\limits_{n\to\infty}\left(\frac{n}{n^2+1^2}+\frac{n}{n^2+2^2}+\cdots+\frac{n}{n^2+n^2}\right)=\frac{\pi}{4}$

Problema 4 – (Asturias 2006) En una parcela forestal, el crecimiento anual de madera es de un $p\,\%$. Cada invierno se sierra cierta cantidad x de madera. ¿Cuál debe ser x para que dentro de n años la cantidad de madera en la parcela aumente q veces, si la cantidad inicial de madera es a?

Solución: Denotemos por $(x_n)_{n\geq 0}$ a la sucesión que representa la cantidad de madera al terminar el año n-ésimo. El primer término de la sucesión viene determinado por la cantidad inicial, es decir, $x_0 = a$. Para el término n-ésimo, nótese que debemos multiplicar la cantidad del año anterior por el factor $\left(1+\frac{p}{100}\right)$, ya que el crecimiento anual de madera es de un $p\,\%$. Además, debemos restar la cantidad x de madera que se sierra. En este sentido, la sucesión queda definida de forma recurrente como sigue:

$$x_n = \left(1+\frac{p}{100}\right)x_{n-1} - x$$

A continuación, aplicamos la recurrencia para obtener el término general de la sucesión.

$$x_n = \left(1+\frac{p}{100}\right)x_{n-1} - x$$
$$= \left(1+\frac{p}{100}\right)^2 x_{n-2} - \left(1+\frac{p}{100}\right)x - x$$
$$x_n = \left(1+\frac{p}{100}\right)^3 x_{n-3} - \left(1+\frac{p}{100}\right)^2 x - \left(1+\frac{p}{100}\right)x - x$$
$$= \cdots$$

$$x_n = \left(1+\frac{p}{100}\right)^n x_0 - \left(1+\frac{p}{100}\right)^{n-1} x - \left(1+\frac{p}{100}\right)^{n-2} x$$
$$- \cdots - \left(1+\frac{p}{100}\right)x - x$$

Sustituimos la condición inicial, extraemos x factor común y aplicamos la fórmula ciclotómica a la suma de las potencias:

$$x_n = \left(1+\frac{p}{100}\right)^n a$$
$$- x\left[\left(1+\frac{p}{100}\right)^{n-1} + \left(1+\frac{p}{100}\right)^{n-2} + \cdots + \left(1+\frac{p}{100}\right) + 1\right]$$

$$x_n = \left(1+\frac{p}{100}\right)^n a - x\frac{\left(1+\frac{p}{100}\right)^n - 1}{\left(1+\frac{p}{100}\right) - 1}$$

$$= \left(1+\frac{p}{100}\right)^n a - x\frac{\left(1+\frac{p}{100}\right)^n - 1}{\frac{p}{100}}$$

Una vez obtenido el término general, nos limitamos a calcular x teniendo en cuenta que queremos que $x_n = q \cdot a$:

$$\left(1+\frac{p}{100}\right)^n a - x\frac{\left(1+\frac{p}{100}\right)^n - 1}{\frac{p}{100}} = q \cdot a$$

$$\left(1+\frac{p}{100}\right)^n a - q \cdot a = \frac{100}{p} \cdot \left[\left(1+\frac{p}{100}\right)^n - 1\right] \cdot x$$

$$x = \frac{p \cdot a \cdot \left[\left(1+\frac{p}{100}\right)^n - q\right]}{100\left[\left(1+\frac{p}{100}\right)^n - 1\right]}$$

Problemas propuestos:

Propuesto 1 – (C. Valenciana 2010) Calcula el siguiente límite:

$$\lim_{n \to \infty} \sqrt[n]{\binom{n}{0}\binom{n}{1} \cdots \binom{n}{n}}$$

Propuesto 2 – (La Rioja 2006) Disponemos los números naturales en la forma siguiente:

$$1$$
$$2\ 3\ 4$$
$$5\ 6\ 7\ 8\ 9$$
$$10\ 11\ 12\ 13\ 14\ 15\ 16$$

a) Calcule la suma S_n de los números naturales situados en la n-ésima fila.
b) Halle $\lim_{n \to \infty} \left(\sqrt[3]{S_{n+1}} - \sqrt[3]{S_n} \right)$.

Propuesto 3 – (Baleares 2004) Calcule el siguiente límite:

$$\lim_{n \to \infty} \left[\left(1 + \frac{1}{n^2}\right)\left(1 + \frac{2}{n^2}\right) \cdots \left(1 + \frac{n}{n^2}\right) \right]$$

Propuesto 4 – (Andalucía 2006) Sean x_1, y_1 dos números reales tales que $0 < x_1 < y_1$. Se definen las sucesiones $(x_n)_{n \geq 1}$ e $(y_n)_{n \geq 1}$ de la forma siguiente:

$$x_n = \sqrt{x_{n-1} \cdot y_{n-1}}; \quad y_n = \frac{x_{n-1} + y_{n-1}}{2}; \quad para\ cada\ n \geq 2$$

Demuestre que $(x_n)_{n \geq 1}$ e $(y_n)_{n \geq 1}$ son convergentes y que tienen el mismo límite.

Propuesto 5 – (Asturias 2018) Dados $a, b \in \mathbb{R}$ tales que $a + b \neq 0$, se consideran las sucesiones $(u_n)_{n \geq 1}$ y $(v_n)_{n \geq 1}$ definidas recurrentemente de la siguiente forma:

$$\begin{cases} u_1 = a \\ v_1 = b \end{cases} \forall n \in \mathbb{N}: \begin{cases} u_{n+1} = \dfrac{u_n^2}{u_n + v_n} \\ v_{n+1} = \dfrac{v_n^2}{u_n + v_n} \end{cases}$$

a) Si $a = b$, calcular $\lim\limits_{n \to \infty} u_n$ y $\lim\limits_{n \to \infty} v_n$.

b) Si $|b| < |a|$, probar que ambas sucesiones son convergentes.

c) Si $|b| < |a|$, calcular $\lim\limits_{n \to \infty} u_n$ y $\lim\limits_{n \to \infty} v_n$.

Propuesto 6 – (Castilla León 2018) Dada la sucesión $(x_n)_{n>0}$ definida recurrentemente por $x_1 = \sqrt{2}$ y para todo $n \in \mathbb{N}$: $x_{n+1} = \sqrt{\dfrac{2x_n}{1+x_n}}$. Calcular $\prod_{n=1}^{\infty} x_n$.

Series

Problema 1 – Estudia la convergencia de las siguientes series y calcula la suma cuando sea posible:

a) $\sum_{n=1}^{+\infty} \dfrac{2n+1}{7^n}$ b) $\sum_{n=1}^{+\infty} \dfrac{2n^2+3n+4}{n!}$ c) $\sum_{n=2}^{+\infty} \dfrac{\log_n a}{\log_a n}$

Solución: a) Se trata de una serie aritmético-geométrica por ser de la forma $\sum p(n) \cdot r^n$, donde $p(n)$ es un polinomio y $r \in \mathbb{R}$. Este tipo de series son convergentes si $-1 < r < 1$. En este caso, $r = \dfrac{1}{7}$, luego la serie es convergente.

A continuación, calculemos la suma. Sea $S_n = \dfrac{3}{7} + \dfrac{5}{7^2} + \dfrac{7}{7^3} + \cdots + \dfrac{2n+1}{7^n}$. Multiplicando por la razón, tenemos $\dfrac{1}{7} \cdot S_n = \dfrac{3}{7^2} + \dfrac{5}{7^3} + \dfrac{7}{7^4} + \cdots + \dfrac{2n+1}{7^{n+1}}$. Ahora restamos ambas expresiones y obtenemos lo siguiente:

$$\dfrac{6}{7} S_n = \dfrac{3}{7} + \dfrac{2}{7^2} + \dfrac{2}{7^3} + \dfrac{2}{7^4} + \cdots + \dfrac{2}{7^n} - \dfrac{2n+1}{7^{n+1}}$$

Nótese que la parte central es una progresión geométrica de razón $\frac{1}{7}$ y primer término $\frac{2}{7^2}$. De esta forma, tomando límites cuando $n \to +\infty$ en la expresión anterior:

$$\frac{6}{7}S = \frac{3}{7} + \frac{\frac{2}{7^2}}{1 - \frac{1}{7}} - 0 \Rightarrow \frac{6}{7}S = \frac{10}{21} \Rightarrow S = \frac{5}{9}$$

Por lo tanto, $\sum_{n=1}^{+\infty} \frac{2n+1}{7^n} = \frac{5}{9}$.

b) En primer lugar, aplicamos el criterio de la raíz para determinar la convergencia de la serie. Para ello calculamos $\lim_{n \to +\infty} \frac{a_{n+1}}{a_n}$:

$$\lim_{n \to +\infty} \frac{\frac{2(n+1)^2 + 3(n+1) + 4}{(n+1)!}}{\frac{2n^2 + 3n + 4}{n!}}$$

$$= \lim_{n \to +\infty} \frac{2(n+1)^2 + 3(n+1) + 4}{(n+1)(2n^2 + 3n + 4)} = 0$$

donde el límite anterior es cero por ser el denominador un polinomio de mayor grado. Por lo tanto, $\lim_{n \to +\infty} \frac{a_{n+1}}{a_n} < 1$ y la serie es convergente.

Ahora, para calcular la suma, vamos a descomponer en fracciones simples:

$$\frac{2n^2 + 3n + 4}{n!} = \frac{An(n-1)}{n!} + \frac{Bn}{n!} + \frac{C}{n!}$$

De ahí, $An^2 + (B - A)n + C = 2n^2 + 3n + 4$ y, por ende, $A = 2; B = 5$ y $C = 4$. Así, $\sum_{n=1}^{+\infty} \frac{2n^2+3n+4}{n!} = \sum_{n=1}^{+\infty} \left(\frac{2n(n-1)}{n!} + \frac{5n}{n!} + \frac{4}{n!} \right)$ y, tras simplificar,

$$2 \cdot \sum_{n=2}^{+\infty} \frac{1}{(n-2)!} + 5 \sum_{n=1}^{+\infty} \frac{1}{(n-1)!} + 4 \sum_{n=1}^{+\infty} \frac{1}{n!}$$

Por último, utilizamos que $\sum_{n=0}^{+\infty} \frac{1}{n!} = e$.

$$2 \cdot \sum_{n=2}^{+\infty} \frac{1}{(n-2)!} + 5 \sum_{n=1}^{+\infty} \frac{1}{(n-1)!} + 4 \sum_{n=1}^{+\infty} \frac{1}{n!}$$
$$= 2 \cdot \sum_{n=0}^{+\infty} \frac{1}{n!} + 5 \sum_{n=0}^{+\infty} \frac{1}{n!} + 4 \left(\sum_{n=0}^{+\infty} \frac{1}{n!} - 1 \right)$$

En definitiva,

$$\sum_{n=1}^{+\infty} \frac{2n^2 + 3n + 4}{n!} = 2e + 5e + 4(e-1) = 11e - 4$$

c) En primer lugar, aplicamos el cambio de base.

$$\sum_{n=2}^{+\infty} \frac{\log_n a}{\log_a n} = \sum_{n=2}^{+\infty} \frac{\frac{\log a}{\log n}}{\frac{\log n}{\log a}} = (\log a)^2 \sum_{n=2}^{+\infty} \frac{1}{(\log n)^2}$$

Ahora, $a_n = \frac{1}{(\log n)^2}$ es una sucesión decreciente, por consiguiente, el Criterio de Condensación de Cauchy garantiza que la serie $\sum a_n$ tendrá el carácter de la serie $\sum 2^n a_{2^n}$. De ahí,

$$\sum_{n=2}^{+\infty} \frac{2^n}{(\log 2^n)^2} = \sum_{n=2}^{+\infty} \frac{2^n}{n^2 (\log 2)^2} = \frac{1}{(\log 2)^2} \sum_{n=2}^{+\infty} \frac{2^n}{n^2}$$

Finalmente, analizamos el carácter de $\sum_{n=2}^{+\infty} \frac{2^n}{n^2}$ por el criterio del cociente:

$$\lim_{n\to+\infty} \frac{\frac{2^{n+1}}{(n+1)^2}}{\frac{2^n}{n^2}} = \lim_{n\to+\infty} \frac{2n^2}{(n+1)^2} = 2 > 1$$

Por lo tanto, la serie es divergente.

Problema 2 – Demostrar que la serie $\sum_{n=1}^{+\infty} \frac{1}{(2n-1)2n(2n+1)}$ es convergente y calcular su suma.

Solución: Comencemos demostrando la convergencia de la serie utilizando el Criterio de Prinsgheim. Recordemos dicho criterio: Dada la serie $\sum a_n$. Si $\lim_{n\to+\infty} a_n \cdot n^\alpha \neq 0, \infty$, entonces si $\alpha > 1$ la serie converge; y diverge en caso contrario. En este caso, para $\alpha = 3$,

$$\lim_{n\to+\infty} \frac{1}{(2n-1)2n(2n+1)} \cdot n^3 = \frac{1}{8}$$

Luego la serie es convergente.

Ahora, para calcular la suma vamos a descomponer en fracciones simples.

$$\frac{1}{(2n-1)2n(2n+1)} = \frac{A}{2n-1} + \frac{B}{2n} + \frac{C}{2n+1}$$

$$\Rightarrow A = \frac{1}{2}; B = -1; C = \frac{1}{2}$$

De ahí,

$$\sum_{n=1}^{+\infty} \frac{1}{(2n-1)2n(2n+1)}$$
$$= \frac{1}{2} \cdot \sum_{n=1}^{+\infty} \frac{1}{2n-1} - \sum_{n=1}^{+\infty} \frac{1}{2n} + \frac{1}{2} \cdot \sum_{n=1}^{+\infty} \frac{1}{2n+1}$$

De esta forma, tenemos que

$$S_n = \frac{1}{2} - \frac{1}{2} + \frac{1}{6} + \frac{1}{6} - \frac{1}{4} + \frac{1}{10} + \frac{1}{10} - \frac{1}{6} + \frac{1}{14} + \frac{1}{14} + \cdots$$
$$= \frac{1}{3} - \frac{1}{4} + \frac{1}{5} - \frac{1}{6} + \frac{1}{7} + \cdots$$

La idea es completar la suma para utilizar que $\sum_{k=1}^{n} \frac{1}{k} = \ln n + C + \varepsilon(n)$, donde C es una constante y $\varepsilon(n) \xrightarrow{n \to \infty} 0$.

Tomemos n impar. Así,

$$S_n = 1 - \frac{1}{2} + \frac{1}{3} - \frac{1}{4} + \cdots + \frac{1}{n} - \frac{1}{2}$$
$$= \left(1 + \frac{1}{3} + \cdots + \frac{1}{n}\right) - \left(\frac{1}{2} + \frac{1}{4} + \cdots + \frac{1}{n-1}\right) - \frac{1}{2}$$

Completamos el primer paréntesis:

$$S_n = \left(1 + \frac{1}{2} + \frac{1}{3} + \cdots + \frac{1}{n-1} + \frac{1}{n}\right) - 2\left(\frac{1}{2} + \frac{1}{4} + \cdots + \frac{1}{n-1}\right) - \frac{1}{2}$$

Utilizamos la suma dada anteriormente para $\sum_{k=1}^{n} \frac{1}{k}$.

$$S_n = \ln n + C + \varepsilon(n) - 2\left(\frac{1}{2} + \frac{1}{4} + \cdots + \frac{1}{n-1}\right) - \frac{1}{2}$$

Extraemos factor común $\frac{1}{2}$ en el segundo paréntesis.

$$S_n = \ln n + C + \varepsilon(n) - 2 \cdot \frac{1}{2}\left(1 + \frac{1}{2} + \frac{1}{3} + \cdots + \frac{1}{\frac{n-1}{2}}\right) - \frac{1}{2}$$

Luego, utilizando de nuevo la expresión de $\sum_{k=1}^{n} \frac{1}{k}$, se sigue que

$$S_n = \ln n + C + \varepsilon(n) - \ln\left(\frac{n-1}{2}\right) - C - \varepsilon\left(\frac{n-1}{2}\right) - \frac{1}{2}$$
$$= \ln\left(\frac{2n}{n-1}\right) + \varepsilon(n) - \varepsilon\left(\frac{n-1}{2}\right) - \frac{1}{2}$$

Por último, timando límites cuando n tiende a $+\infty$: $S = \ln 2 - \frac{1}{2}$. Por lo tanto,

$$\sum_{n=1}^{+\infty} \frac{1}{(2n-1)2n(2n+1)} = \ln 2 - \frac{1}{2}$$

Problema 3 – (Asturias 2016) Sea $S = \sum_{n=0}^{+\infty} e^{n(a+bi)}$.

a) Estudiar para qué valores de a o b es una serie convergente.

b) Calcular los valores de a que hacen que S sea imaginario puro.

c) Calcular los valores de b para los que se verifica que:

$$\frac{\cos b}{2} + \frac{\cos(2b)}{4} + \frac{\cos(3b)}{8} + \cdots = 0$$

Solución: a) Nótese que se trata de una progresión geométrica de razón e^{a+bi}. Por lo tanto, la serie será convergente cuando $|e^{a+bi}| < 1$. Veamos qué valores de a o b conllevan dicha desigualdad:

$$r = e^{a+bi} = e^a(\cos b + i\sen b)$$

Luego, $|r| < 1$ si y sólo si $|e^a| < 1$. Esto implica que $a < 0$ para que la serie sea convergente (b puede tomar cualquier calor real).

b) Calculamos la suma de la serie teniendo en cuenta que es geométrica y multiplicaremos por el conjugado del denominador para que éste sea real:

$$S = \frac{1}{1-e^{a+bi}} = \frac{1}{1-e^{a+bi}} \cdot \frac{1-e^{a-bi}}{1-e^{a-bi}}$$
$$= \frac{1-e^{a-bi}}{1-e^{a+bi}-e^{a+bi}+e^{2a}}$$

Ahora escribimos la expresión trigonométrica de las exponenciales.

$$S = \frac{1-e^a \cos b + ie^a \sen b}{1+e^{2a}-2e^a \cos b}$$

Por un lado, por el apartado anterior, $a < 0$. Por otro, S será imaginario puro cuando $1 - e^a \cos b = 0$. Distingamos casos en función del signo de $\cos b$:

- ✓ Si $\cos b = 0$, la igualdad no se cumple.
- ✓ Si $\cos b < 0$, tenemos que $-e^a \cos b > 0$ y la desigualdad tampoco se verifica.
- ✓ Si $\cos b > 0$, despejando a obtenemos que $a = -\ln(\cos b)$. Ahora, como $0 < \cos b \le 1$, $a = -\ln(\cos b) \ge 0$ y se contradice la condición de que $a < 0$.

En conclusión, S no será un imaginario puro para ningún valor de a.

c) Escribamos la suma como serie de potencias y utilicemos los apartados anteriores.

$$\frac{\cos b}{2} + \frac{\cos(2b)}{4} + \frac{\cos(3b)}{8} + \cdots = \sum_{n=1}^{+\infty} \frac{\cos(nb)}{2^n}$$
$$= -1 + \sum_{n=0}^{+\infty} \frac{\cos(nb)}{2^n}$$

Ahora, reescribimos el sumatorio para obtener una exponencial.

$$-1 + \sum_{n=0}^{+\infty} \frac{\cos(nb)}{2^n} = -1 + Re\left[\sum_{n=0}^{+\infty} \frac{\cos(nb) + i\,sen(nb)}{2^n}\right]$$

$$= -1 + Re\left[\sum_{n=0}^{+\infty} \left(\frac{e^{bi}}{2}\right)^n\right]$$

En este sentido, necesitamos que $Re\left[\sum_{n=0}^{+\infty} \left(\frac{e^{bi}}{2}\right)^n\right] = 1$. Ahora bien,

$$\frac{e^{bi}}{2} = e^{-\ln 2} \cdot e^{bi} = e^{-\ln 2 + bi}$$

Así, como $a = -\ln 2 < 0$, podemos utilizar el apartado anterior para concluir lo siguiente:

$$\sum_{n=0}^{+\infty} \left(\frac{e^{bi}}{2}\right)^n = 2 \cdot \left(\frac{2 - \cos b + i\,sen\,b}{5 - 4\cos b}\right)$$

En definitiva, $Re\left[\sum_{n=0}^{+\infty} \left(\frac{e^{bi}}{2}\right)^n\right] = 1$ implica que $1 = 2 \cdot \left(\frac{2-\cos b}{5-4\cos b}\right)$. De ahí, $\cos b = \frac{1}{2}$ y $b = \pm\frac{\pi}{3} + 2k\pi \;\forall k \in \mathbb{Z}$.

Problema 4 – Se lanza un cohete 120 m de altura. En la caída pierde 60 m. A continuación recupera 40 m, vuelve a perder 30 m, gana 24 m, pierde 20 m... El proceso sigue indefinidamente, ¿a qué altura tiende a estabilizarse?

Solución: El problema consiste en calcular la siguiente suma:

$$120 - 60 + 40 - 30 + 24 - 20 + \cdots$$
$$= 120\left(1 - \frac{1}{2} + \frac{1}{3} - \frac{1}{4} + \frac{1}{5} + \cdots\right)$$

Ahora, aprovechando los cálculos del problema resuelto 2 de la presente sección, sabemos que $\left(1 - \frac{1}{2} + \frac{1}{3} - \frac{1}{4} + \frac{1}{5} + \cdots\right) = \ln 2$. Por lo tanto, el cohete se estabilizará a una altura de $120 \ln 2$ metros.

Problemas propuestos:

Propuesto 1 – Estudia la convergencia y calcula la suma de las siguientes series cuando sea posible:

a) $\sum_{n=1}^{+\infty} \frac{1}{16n^2 - 8n - 3}$

b) $\sum_{n=2}^{+\infty} \left(1 - \frac{1}{n^2}\right)$

c) $\sum_{n=1}^{+\infty} \sqrt{\frac{2n+1}{3n+2}}$

d) $\sum_{n=1}^{+\infty} \frac{e^n + n^2}{3^n + \ln(n+1)}$

Propuesto 2 – Calcula los siguientes límites:

a) $\lim\limits_{n \to \infty} \left(\frac{1}{1 \cdot 2} + \frac{1}{2 \cdot 3} + \frac{1}{3 \cdot 4} + \cdots + \frac{1}{n(n+1)}\right)$.

b) $\lim\limits_{n \to +\infty} \left(1 + \frac{3}{2} + \frac{4}{4} + \frac{7}{8} + \cdots + \frac{2n-1}{2^{n-1}}\right)$.

Límites, continuidad, derivabilidad y aplicaciones de las derivadas

Problema 1 – **(Baleares 2006)** Se considera la función $f: \mathbb{R} \setminus \{-2, 1\} \to \mathbb{R}$ dada por:

$$f(x) = \begin{cases} \frac{\operatorname{sen} \pi x}{\ln x} + b, & x > 1 \\ \frac{x^2 + a}{x^2 + x - 2}, & x < 1, x \neq -2 \end{cases}$$

a) Determine a y b para que f tenga límite finito en $x = 1$.

b) Para los valores a y b obtenidos, estudie la continuidad de f.

Solución: a) Calculamos los límites laterales en $x = 1$. Tendremos en cuenta que para que el límite sea finito, necesitaremos indeterminaciones del tipo $\frac{0}{0}$ y que los límites laterales coincidan.

$$\lim_{x \to 1^-} \frac{x^2 + a}{x^2 + x - 2} = \frac{1 + a}{0} = \lim_{x \to 1^-} \frac{x^2 - 1}{x^2 + x - 2} = \lim_{x \to 1^-} \frac{2x}{2x + 1} = \frac{2}{3}$$

$$\lim_{x \to 1^+} \frac{\operatorname{sen} \pi x}{\ln x} + b = b + \lim_{x \to 1^+} \frac{\pi \cos \pi x}{1/x} = b - \pi \implies b = \frac{2}{3} + \pi$$

Luego $a = -1$ y $b = \frac{2}{3} + \pi$.

b) El primer trozo que define la función está definido para $x > 0$ debido a la función logaritmo del denominador. Ahora bien, como dicho trozo lo consideramos para $x > 1$, la función es continua en dicho dominio. Por otro lado, el segundo trozo es continuo en $\mathbb{R} \setminus \{1, -2\}$, por ser éstos los valores que anulan el denominador.

Aprovechando los cálculos del apartado anterior, sabemos que en $x = 1$ hay una discontinuidad evitable, pues los límites laterales existen y coinciden, pero la función no está definida en dicho punto. Por otro lado, en $x = 2$, el segundo trozo equivale a $f_2(x) = \frac{x+1}{x+2}$ que tiene una discontinuidad de salto infinito en $x = -2$, pues los límites laterales en dicho punto son $\pm\infty$.

Problema 2 – (C. Valenciana 2009) Dada la función $f \colon \mathbb{R} \to \mathbb{R}$ mediante:

$$f(x) = f(x) = \begin{cases} x \operatorname{sen} \dfrac{1}{x}, & x \neq 0 \\ 0, & x = 0 \end{cases}$$

a) Estudie la continuidad y la derivabilidad de f.
b) Represente gráficamente la función.

Solución: Para $x \neq 0$ la función es continua y derivable por ser producto y composición de funciones derivables. Sin embargo, en $x = 0$ la función es continua, pero no es derivable. Veámoslo.

Por un lado, tengamos en cuenta que la función seno está acotada en el intervalo $[-1,1]$ para garantizar la continuidad: $\lim\limits_{x \to 0} x \, sen\dfrac{1}{x} = 0 = f(0)$.

Por otro lado, calculamos $f'(0)$ por definición:

$$f'(0) = \lim_{x \to 0} \frac{f(x) - f(0)}{x} = \lim_{x \to 0} sen\frac{1}{x}$$

Ahora bien, dicho límite no existe, luego la función no es derivable en $x = 0$.

Por último, para la representación gráfica tengamos en cuenta que $Dom\, f(x) = \mathbb{R}$; no presenta asíntotas verticales, pero sí horizontal en $y = 1$:

$$\lim_{x \to \infty} x\, sen\frac{1}{x} = \infty \cdot 0 = \lim_{x \to \infty} \frac{sen\dfrac{1}{x}}{\dfrac{1}{x}} = \lim_{x \to \infty} \cos\frac{1}{x} = 1$$

Además, como el argumento del seno tiende a infinito cuando x tiende a 0, el carácter sinusoidal del seno marcará el comportamiento de la función cerca del origen.

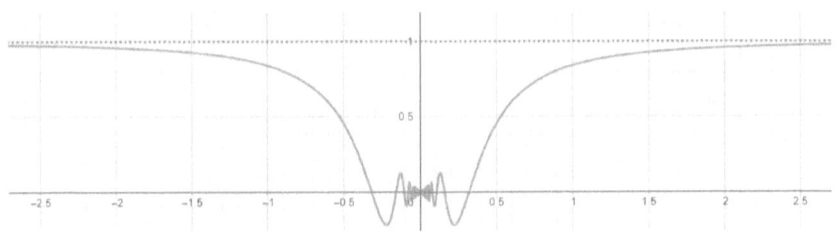

Problema 3 – (Madrid 2010) Sea $f \in C^2(\mathbb{R})$ una función tal que

$$\lim_{x \to 0} \left(1 + x + \frac{f(x)}{x}\right)^{1/x} = e^3$$

Calcule razonadamente $f(0), f'(0), f''(0)$.

Solución: Comenzamos tomando logaritmos en la igualdad dada:

$$\lim_{x \to 0} \frac{\ln\left(1 + x + \frac{f(x)}{x}\right)}{x} = 3$$

Nótese que al tender el denominador a 0, para que dicho límite sea finito, el numerador también tendrá que tender a 0. En este sentido,

$$\lim_{x \to 0} \ln\left(1 + x + \frac{f(x)}{x}\right) = 0 \Longrightarrow \lim_{x \to 0} \left(1 + x + \frac{f(x)}{x}\right) = 1$$

$$\Longrightarrow \lim_{x \to 0} \frac{f(x)}{x} = 0$$

Ahora, utilizando la continuidad de f, tenemos que

$$f(0) = \lim_{x \to 0} f(x) = \lim_{x \to 0} x \cdot \frac{f(x)}{x} = 0 \cdot 0 = 0$$

Por otro lado, por la derivabilidad de f, se sigue que

$$f'(0) = \lim_{x \to 0} \frac{f(x) - f(0)}{x} = \lim_{x \to 0} \frac{f(x)}{x} = 0$$

Por último, para obtener $f''(0)$, consideramos de nuevo el límite

$$\lim_{x \to 0} \frac{\ln\left(1 + x + \frac{f(x)}{x}\right)}{x} = 3$$

Utilizando infinitésimos equivalentes, sabemos que cuando x tiende a 0, $\ln\left(1 + x + \frac{f(x)}{x}\right)$ es equivalente a $x + \frac{f(x)}{x}$, luego

$$\lim_{x\to 0}\frac{\ln\left(1 + x + \frac{f(x)}{x}\right)}{x} = \lim_{x\to 0}\frac{x + \frac{f(x)}{x}}{x} = \lim_{x\to 0}\left(1 + \frac{f(x)}{x^2}\right) = 3$$

Por lo tanto, $\lim_{x\to 0}\frac{f(x)}{x^2} = 2$. Así, teniendo en cuenta que $f \in C^2(\mathbb{R})$ con $f(0) = f'(0) = 0$, podemos aplicar L'Hôpital a dicho límite para obtener $f''(0)$.

$$\lim_{x\to 0}\frac{f(x)}{x^2} = \lim_{x\to 0}\frac{f'(x)}{2x} = \lim_{x\to 0}\frac{f''(x)}{2} = \frac{f''(0)}{2} = 2$$

Por ende, $f''(0) = 4$.

Problema 4 – Representar la curva $f(x) = \frac{x}{ax^2 - 5x + b}$ donde a es el numerador que corresponde a la mayor raíz postiva, resultado de descomponer la fracción siguiente en fracciones simples $\frac{11x^2 - 23x}{2x^3 - x^2 - 18x + 9} = \frac{A}{x - x_1} + \frac{B}{x - x_2} + \frac{a}{x - x_3}$ donde x_3 es la mayor raíz del denominador y $b = \lim_{n\to +\infty}\sqrt[n]{n\frac{(n+1)(n+2)(n+3)\ldots 2n}{n!}}$.

Solución: En primer lugar, calculamos el parámetro a. Para ello, consideremos la factorización del denominador $2x^3 - x^2 - 18x + 9 = (2x - 1)(x - 3)(x + 3)$. De ahí, las descomposición de la fracción es la siguiente:

$$\frac{A}{2x - 1} + \frac{B}{x + 3} + \frac{a}{x - 3}$$
$$= \frac{A(x + 3)(x - 3) + B(x - 3)(2x - 1) + a(2x - 1)(x + 3)}{(2x + 1)(x + 3)(x - 3)}$$

Evaluamos en $x = 3$ e igualamos los numeradores:

$$11 \cdot 3^2 - 23 \cdot 3 = a \cdot 5 \cdot 3 \Longrightarrow a = 1$$

A continuación, calculamos el parámetro b aplicando el segundo criterio de Stolz, que afirma que $\lim_{n\to+\infty} \sqrt[n]{a_n} = \lim_{n\to+\infty} \frac{a_{n+1}}{a_n}$. De ahí,

$$b = \lim_{n\to+\infty} \sqrt[n]{n\frac{(n+1)(n+2)(n+3)\ldots 2n}{n!}}$$

$$= \lim_{n\to+\infty} \frac{(n+1)\frac{(n+2)\ldots 2(n+1)}{(n+1)!}}{n\frac{(n+1)\ldots 2n}{n!}}$$

$$= \lim_{n\to+\infty} \frac{(2n+1)(2n+2)}{(n+1)n} = 4$$

Luego, $a = 1$ y $b = 4$. Así nos piden representar $f(x) = \frac{x}{x^2-5x+4}$. En este sentido, recogemos la información más relevante del estudio de la función:

- ✓ $Dom\, f(x) = \mathbb{R} \setminus \{1,4\}$.
- ✓ Punto de corte en $(0,0)$.
- ✓ Asíntotas verticales en $x = 1; x = 4$ y asíntota horizontal en $y = 0$.
- ✓ Intervalos de crecimiento: $(-2,1) \cup (1,2)$.
- ✓ Intervalos de decrecimiento: $(-\infty, -2) \cup (2,4) \cup (4, +\infty)$.
- ✓ Máximo en $(2, -1)$ y mínimo en $\left(-2, -\frac{1}{9}\right)$.

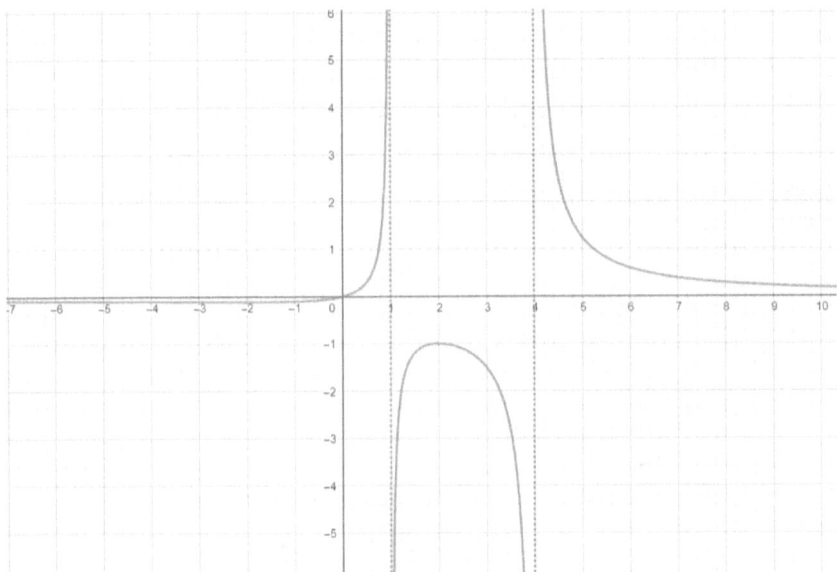

Problema 5 – Calcule el siguiente límite

$$\lim_{x\to 0} \frac{x - tg\, x}{(1+x)^x - 1 - sen^2 x}$$

Solución: Vamos a calcular el límite utilizando los desarrollos de Taylor de las funciones involucradas. En primer lugar, en el numerador, para desarrollar la tangente es suficiente con obtener la primera potencia no nula superior a 1, que es la tercera:

$$tg\, x = tg\, 0 + \frac{1}{1!}tg'(0)x + \frac{1}{2!}tg''(0)x^2 + \frac{1}{3!}tg'''(0)x^3$$
$$+ o(x^3) = x + \frac{1}{3}x^3 + o(x^3)$$

De esta forma, el desarrollo del numerador es $-\frac{1}{3}x^3 - o(x^3)$.

Por otro lado, en el denominador, reescribimos $(1 + x)^x = e^{x \ln(1+x)}$, lo que nos permitirá utilizar los desarrollos conocidos de la exponencial y el logaritmo. Así,

$$x \ln(1 + x) = x^2 - \frac{x^3}{2} + \frac{x^4}{3} + \cdots + (-1)^{n+1} \frac{x^{n+1}}{n} + o(x^{n+1})$$

$$e^{x \ln(1+x)} = 1 - \frac{x^3}{2} + \frac{5x^4}{6} + o(x^4)$$

$$(senx)^2 = \left(x - \frac{x^3}{3!} + o(x^3)\right) \cdot \left(x - \frac{x^3}{3!} + o(x^3)\right)$$

$$= x^2 - \frac{x^4}{3} + o(x^4)$$

Por consiguiente,

$$(1 + x)^x - 1 - sen^2 x = -\frac{x^3}{2} + \frac{7x^4}{6} + o(x^4) = -\frac{x^3}{2} + o(x^3)$$

donde únicamente hemos considerado hasta orden tres por ser éste el orden del desarrollo del numerador.

Por último, sustituimos los desarrollos para calcular el límite:

$$\lim_{x \to 0} \frac{x - tg\, x}{(1 + x)^x - 1 - sen^2 x}$$

$$= \lim_{x \to 0} \frac{-\frac{x^3}{3} + o(x^3)}{-\frac{x^3}{2} + o(x^3)} = \lim_{x \to 0} \frac{-\frac{1}{3} + \frac{o(x^3)}{x^3}}{-\frac{1}{2} + \frac{o(x^3)}{x^3}} = \frac{2}{3}$$

Problema 6 – Sea $f(x) = (3a - 2)x^2 + 2ax + 3a$. Calcular los valores de a que hacen la ecuación $f(x) = 0$ admita una sola solución real entre -1 y 0.

Solución: Resolvemos la ecuación de segundo grado $f(x) = 0$.

$$x = \frac{-2a \pm \sqrt{-32a^2 + 24a}}{(3a-2)^2}$$

De esta forma, para que existan soluciones reales, el discriminante debe ser no negativo, luego $-32a^2 + 24a \geq 0$, cuya solución es el intervalo $\left[0, \frac{3}{4}\right]$. Así, sólo existe solución si $a \in \left[0, \frac{3}{4}\right]$.

Ahora tenemos que estudiar para cuáles de dichos valores existe una única solución entre -1 y 0. Para ello vamos a aplicar el Teorema de Bolzano.

$$f(-1) = 4a - 2 \quad y \quad f(0) = 3a$$

Exigimos $f(-1) \cdot f(0) < 0$, es decir, $3a(4a - 2) < 0$, cuya solución es el intervalo $\left(0, \frac{1}{2}\right)$.

Para la unicidad basta ver que es un polinomio de segundo grado y se puede anular como máximo dos veces, pero al tener $f(-1)$ y $f(0)$ signos distintos, existe una única raíz. En definitiva, $a \in \left(0, \frac{1}{2}\right)$.

Problema 7 – (Aragón 2018) Demostrar que si una función es real de variable real, $f: \mathbb{R} \to \mathbb{R}$, verifica para todo $x, y \in \mathbb{R}$: $f(x) - f(y) \leq (x - y)^2$, entonces es una función constante.

Solución: Probaremos que la función es constante comprobando que su derivada es nula. En primer lugar, utilizando la definición de derivada y la igualdad dada, tenemos lo siguiente:

$$f'(x) = \lim_{h \to 0} \frac{f(x+h) - f(x)}{h} \leq \lim_{h \to 0} \frac{(x+h-x)^2}{h} = \lim_{h \to 0} \frac{h^2}{h} = 0$$

Por otro lado,

$$f'(x) = \lim_{h \to 0} \frac{f(x) - f(x-h)}{h} \geq \lim_{h \to 0} -\frac{h^2}{h} = 0$$

En definitiva, $0 \leq f'(x) \leq 0$, i.e., $f'(x) = 0$.

Problemas propuestos:

Propuesto 1 – Calcular el valor de $p \in \mathbb{R}$ para que $\lim_{x \to 0} \frac{\ln(\cos x) + 1 - \cos x}{x^p}$ sea no nulo.

Propuesto 2 – Calcular los siguientes límites:

a) $\lim_{x \to 0} \dfrac{\sqrt{x}}{2 + sen\left(\frac{1}{x}\right)}$

b) $\lim_{x \to 0} \left(tg\left(x + \frac{\pi}{4}\right) \right)^{\frac{1}{senx}}$

Propuesto 3 – (**Andalucía 2016**) Dada la función $f: \mathbb{R} \to \mathbb{R}$ definida como:

$$f(x) = |x - 1|^{1/2} |x + 1|^{3/2}$$

a) Determine los intervalos de crecimiento y decrecimiento, los extremos y las ramas infinitas de f.
b) Estudie la derivabilidad de f en $x = -1$ y en $x = 1$.
c) Dibuje su gráfica.

Propuesto 4 – (**C. Valenciana 2021**) Estudia la continuidad de la función real de variable real, $f: [0,1] \to \mathbb{R}$, definida como:

$$f(x) = \begin{cases} 0 & si\ x = 0\ o\ x\ es\ irracional \\ \dfrac{1}{q} & si\ x = \dfrac{p}{q}\ (irredudible) \end{cases}$$

Propuesto 5 – Considera la función $g(x) = \dfrac{|\ln(1 + sen\ x)|}{x}$ para $x \neq 0$. ¿Es posible definir $g(0)$ para que sea continua en dicho punto? Realiza un esbozo de la gráfica $f(x) = |\ln(1 + senx)|$.

Propuesto 6 – Demuestra que $\dfrac{x}{\operatorname{sen} x} < \dfrac{\operatorname{tg} x}{x}$ si $x \in \left(0, \dfrac{\pi}{2}\right)$.

Propuesto 7 – Representa gráficamente la función $f(x) = \dfrac{\ln x}{x}$ para $x > 0$.

    a) ¿Cuál de los dos números e^π, π^e es mayor?

    b) ¿Cuántas soluciones tiene la ecuación $n^m = m^n$ en $\mathbb{N}$?

Optimización

Problema 1 – De entre todos los rectángulos con lados paralelos a los ejes que se pueden inscribir en una elipse de ecuación $\dfrac{x^2}{a^2} + \dfrac{y^2}{b^2} = 1$ halla el que tiene mayor área, indicando cuánto vale.

Solución: Comenzamos despejando la variable dependiente en la ecuación implícita de la elipse: $y = \pm\dfrac{b}{a}\sqrt{a^2 - x^2}$. La curva por encima del eje viene descrita por la expresión positiva y la expresión negativa describe la parte de la elipse que está por debajo. De esta forma, podemos dar las coordenadas de los vértices del rectángulo inscrito en la elipse como ilustra la siguiente figura:

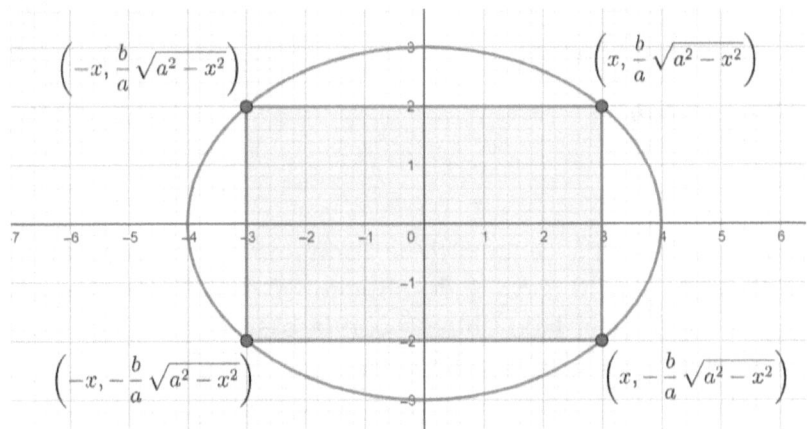

Por lo tanto, la función a maximizar será la función área

$$A(x) = 2x \cdot \frac{2b}{a}\sqrt{a^2 - x^2} = \frac{4b}{a}x\sqrt{a^2 - x^2}$$

Derivamos e igualamos a cero para obtener los candidatos a máximo.

$$A'(x) = \frac{4b}{a}\sqrt{a^2 - x^2} + \frac{4b}{a}x \cdot -\frac{2x}{2\sqrt{a^2 - x^2}} = 0$$

$$\sqrt{a^2 - x^2} - \frac{x^2}{\sqrt{a^2 - x^2}} = 0 \Rightarrow a^2 - x^2 - x^2 = 0$$

$$\Rightarrow x = \pm\frac{a\sqrt{2}}{2}$$

A continuación, comprobamos que se trata de un máximo evaluando la segunda derivada de la función.

$$A''(x) = \frac{-4bx}{a\sqrt{a^2 - x^2}} - \frac{4b}{a} \cdot \frac{2x\sqrt{a^2 - x^2} - \frac{-x^3}{\sqrt{a^2 - x^2}}}{a^2 - x^2}$$

$$\Rightarrow A''\left(\frac{a\sqrt{2}}{2}\right) = -\frac{4b}{a} - \frac{12b}{\sqrt{2}}$$

Al ser la segunda derivada en el candidato negativa, tenemos garantizado que se trata de un máximo. Por lo tanto, $x = \frac{a\sqrt{2}}{2}$ proporciona el rectángulo de mayor área, siendo ésta: $A\left(\frac{a\sqrt{2}}{2}\right) = 2ab$.

Problema 2 – Una ventana tiene forma de trapecio rectángulo con base menor $20\ dm$ y lado oblicuo $40\ dm$. Halla el ángulo que debe formar el lado oblicuo con la base mayor para que el área se máxima. Calcula dicha área.

Solución: Denotamos por α el ángulo que forma el lado oblicuo con la base mayor; x representa la base mayor; y h la altura del trapecio. Ilustremos el problema:

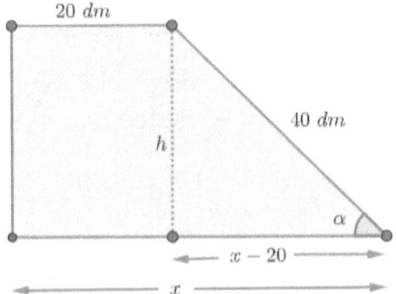

Por un lado, destacar que, al querer maximizar el área, la función a optimizar será $A(x,h) = \frac{(x+20)\cdot h}{2}$. Ahora bien, nos piden determinar el ángulo que genera el trapecio de mayor área. En ese sentido, debemos expresar la base mayor y la altura en términos del ángulo. Para ello utilizamos las definiciones de las razones trigonométricas:

$$\begin{cases} sen\,\alpha = \dfrac{h}{40} \\ cos\,\alpha = \dfrac{x-20}{40} \end{cases} \Rightarrow \begin{cases} h = 40\,sen\,\alpha \\ x = 20 + 40\cos\alpha \end{cases}$$

De esta forma, la función a optimizar en términos del ángulo será:

$$A(\alpha) = \frac{(40+40\cos\alpha)\cdot 40\,sen\,\alpha}{2} = 800\,sen\,\alpha(1+\cos\alpha)$$

Ahora derivamos e igualamos a cero:

$$A'(\alpha) = 800\cos\alpha + 800\cos^2\alpha - 800\,sen^2\alpha = 0$$

$$\cos\alpha + \cos^2\alpha - sen^2\alpha = 0$$
$$\Rightarrow \cos\alpha + \cos^2\alpha - (1-\cos^2\alpha) = 0$$

$$2\cos^2\alpha + \cos\alpha - 1 = 0 \Rightarrow \cos\alpha = \frac{-1 \pm 3}{2}$$

Luego tenemos dos soluciones, $\cos\alpha = \frac{1}{2}$ o $\cos\alpha = -1$. Nótese que el ángulo debe verificar que $\alpha \in \left(0, \frac{\pi}{2}\right)$ para formar el trapecio. De ahí que descartemos la segunda solución y nos limitemos a estudiar $\cos\alpha = \frac{1}{2}$, es decir, $\alpha = \frac{\pi}{3}$.

Comprobamos que el candidato es un máximo estudiando el signo de la segunda derivada en dicho punto.

$$A''(x) = -800\,sen\,\alpha(l + \cos\alpha) - 800\cos\alpha\,sen\,\alpha - 1600\,sen\,\alpha\cos\alpha$$

$$A''\left(\frac{\pi}{3}\right) = -1200\sqrt{3} < 0$$

En definitiva, $\alpha = \frac{\pi}{3}$ es un máximo y el área máxima correspondiente es $A\left(\frac{\pi}{3}\right) = 600\sqrt{3}$.

Problema 3 – Por el punto de coordenadas $P(3,2)$ se traza una recta variable. Hallar la ecuación de la recta tal que el segmento interceptado por los ejes positivos sea mínimo.

Solución: Denotemos por $(x_0, 0), (0, y_0)$ a los puntos de corte de la recta con los ejes. En este sentido, la ecuación de la recta que pasa por dichos puntos vendrá dada por $y = -\frac{y_0}{x_0}(x - x_0)$. Ahora, teniendo en cuenta que el punto $P(3,2)$ está en la recta, podemos establecer una relación entre x_0, y_0. En concreto,

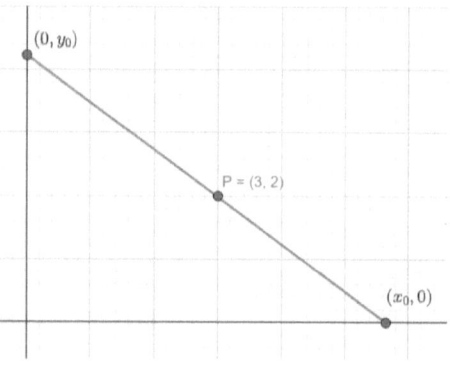

$$2 = -\frac{y_0}{x_0}(3 - x_0) \implies y_0 = -\frac{2x_0}{3-x_0}.$$

De esta forma, nuestro objetivo es minimizar la distancia entre los puntos $A(x_0, 0)$ y $B\left(0, -\frac{2x_0}{3-x_0}\right)$. Esto es, $d(A,B) = |\overrightarrow{AB}| = \sqrt{x_0^2 + \frac{4x_0^2}{(3-x_0)^2}}$. Luego vamos a determinar los mínimos de la función $f(x) = x^2 + \frac{4x^2}{(3-x)^2}$.

$$f'(x) = 2x + \frac{24x}{(3-x)^3} = 0 \implies 2x \cdot \left(1 + \frac{12}{(3-x)^3}\right) = 0$$

De ahí que los candidatos a extremos sean $x = 0$ y $x = 3 + \sqrt[3]{12}$. Tras analizar la monotonía, es fácil comprobar que $x = 3 + \sqrt[3]{12}$ es un mínimo. Por lo tanto, $y_0 = \frac{2(3+\sqrt[3]{12})}{\sqrt[3]{12}}$ y la ecuación de la recta es:

$$y = -\frac{2}{\sqrt[3]{12}} \cdot (x - 3 - \sqrt[3]{12})$$

Problema 4 – **(Madrid 2006)** La figura adjunta muestra tres cuadrados. El lado AB del mayor mide 1, el lado AC del pequeño mide x, y el lado DE del mediano mide y. Al moverse D sobre el lado AB varían los valores de x e y. Determine x e y para que el valor de la expresión $x^2 + y^2$ sea mínimo y calcule dicho mínimo.

Solución: Comenzamos llamando z a la medida del segmento DB. De ahí, obtenemos que el segmento BE mide $1-z$. Si aplicamos el teorema de Pitágoras en el triángulo EDB se sigue la relación $y^2 = z^2 + (1-z)^2$.

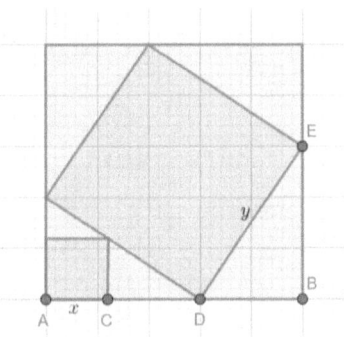

Por otro lado, aplicamos el

teorema de Thales en los siguientes triángulos semejantes:

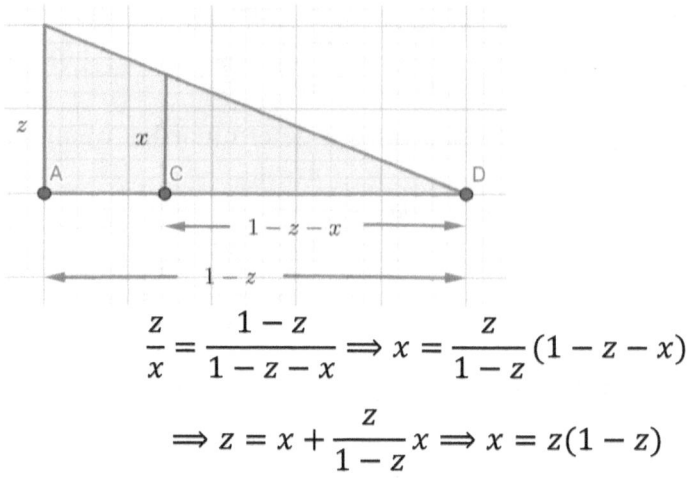

$$\frac{z}{x} = \frac{1-z}{1-z-x} \Rightarrow x = \frac{z}{1-z}(1-z-x)$$

$$\Rightarrow z = x + \frac{z}{1-z}x \Rightarrow x = z(1-z)$$

Por lo tanto, sustituyendo en $x^2 + y^2$ llegamos a que la función a minimizar es $f(z) = \bigl(z(1-z)\bigr)^2 + z^2 + (1-z)^2$. Derivamos e igualamos a cero para determinar los candidatos a extremos:

$$f'(z) = 0 \Rightarrow 2z(1-z)^2 - 2z^2(1-z) + 2z - 2z(1-z) = 0$$

Simplificamos la ecuación:

$$2z^3 - 3z^2 + 3z - 1 = 0,$$

cuya única solución real es $z = \frac{1}{2}$. Por último, es sencillo comprobar que $f''\left(\frac{1}{2}\right) > 0$, lo que indica que se trata de un mínimo.

En definitiva, las medidas buscadas son $x = \frac{1}{4}$; $y = \frac{1}{2}\sqrt{2}$ y el mínimo de $x^2 + y^2$ es $\frac{9}{16}$.

Problema 5 – (C. Valenciana 2019) Probar que el volumen de cualquier cono recto inscrito en una esfera es menor que el 30% del volumen de la misma.

Solución: Denotemos por R al radio de la esfera; h a la altura del cono y r al radio de la base del cono. Teniendo en cuenta que el volumen de un cono viene determinado por $V(h,r) = \frac{\pi}{3} r^2 h$, necesitamos una relación entre r y h reducir la función volumen a una única variable. Para ello, si observamos la 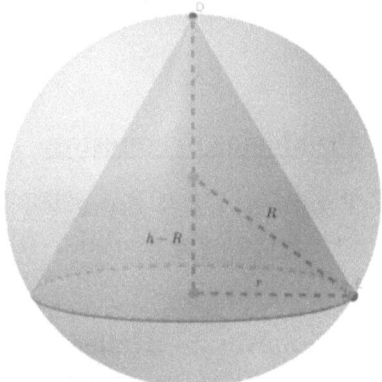 siguiente figura, nótese que podemos aplicar el Teorema de Pitágoras en el triángulo rectángulo que se destaca. De esta forma, tenemos que $R^2 = (h-R)^2 + r^2$. Por lo tanto, despejando y sustituyendo en la función volumen, obtenemos una función de una variable:

$$V(h) = \frac{\pi}{3} h(-h^2 + hR) = \frac{\pi}{3}(-h^3 + 2Rh^2)$$

Nuestro objetivo es calcular el máximo de dicha función, pues si dicho valor es menor que el 30% del volumen de la esfera, habremos probado lo que queríamos.

$$V'(h) = 0 \Rightarrow \frac{\pi}{3}(-3h^2 + 4Rh) = 0 \Rightarrow h = 0 \text{ ó } h = \frac{4}{3}R$$

A continuación, evaluamos los candidatos a extremo obtenidos en la segunda derivada de la función:

$$V''(h) = \frac{\pi}{3}(-6h + 4R) \Rightarrow V''\left(\frac{4}{3}R\right) = -\frac{4\pi}{3} < 0$$

Luego $h = \frac{4}{3}R$ es un máximo. En este sentido, el volumen de un cono inscrito en una esfera de radio R será menor o igual que $V(R) = \frac{32}{81}\pi R^3$. Ahora bien, el volumen de una esfera es $V_{ESFERA} = \frac{4\pi}{3}R^3$. De ahí, el 30% de dicho volumen es $\frac{4\pi}{10}R^3$ y obsérvese que $\frac{32}{81} < \frac{4}{10}$. En definitiva, $\frac{32}{81}\pi R^3 < \frac{4\pi}{10}R^3$ y queda probado.

Problemas propuestos:

Propuesto 1 – Entre los triángulos isósceles inscritos en una circunferencia de radio 10, hallar el triángulo con el perímetro máximo.

Propuesto 2 – Hallar las dimensiones del cilindro de volumen máximo inscrito en un cono de altura 20 cm y radio de la base 8 cm.

Propuesto 3 – Demuestra que el triángulo isósceles de menor área circunscrito a un círculo de radio R es el equilátero de altura $3R$.

Propuesto 4 – Consideramos una pirámide regular de base un triángulo equilátero y cuyas caras laterales son triángulos isósceles iguales. Si abatimos las caras laterales sobre el plano de la base se forma una estrella de tres puntas que queda inscrita dentro de un círculo de radio 10 cm. Determinar las longitudes de las aristas de la base y de las caras laterales que hacen máximo el volumen de la pirámide.

Propuesto 5 – **(Canarias 2006)** Pitágoras está sentado en el origen de coordenadas (0,0), en un borde de la piscina que ocupa la región $[-1,4] \times [0,2]$, cuando su teléfono móvil, abandonado en el punto (3,3) comienza a sonar. Pitágoras piensa en los posibles caminos que puede realizar para llegar antes a su móvil.

    a) Nadar, atravesar la piscina vía (0,2), y luego caminar hasta el (3,3).
    b) Nadar y atravesar la piscina y luego seguir caminando, vía la recta $y = x$.

c) Ninguno de los caminos anteriores.

Hay que notar que Pitágoras camina dos veces más rápido que nada. En tales condiciones, ¿qué plan adoptaría Pitágoras: a), b) o c)?

Propuesto 6 – (Murcia 2006) Un sólido está compuesto por dos conos rectos iguales que tienen la base común. Cortar el sólido por un plano paralelo a la generatriz tal que la sección obtenida tenga área máxima.

Integrales

Problema 1 – Calcular

$$\lim_{n \to +\infty} \left(\frac{1}{n} + \frac{1}{\sqrt{n^2 - 1^2}} + \frac{1}{\sqrt{n^2 - 2^2}} + \cdots + \frac{1}{\sqrt{n^2 - (n-1)^2}} \right)$$

Solución: Procedemos a calcular el límite utilizando sumas de Riemman. En este sentido, consideramos la partición del intervalo [0,1] dada por:

$$P = \left\{ 0 = \frac{0}{n} < \frac{1}{n} < \frac{2}{n} < \cdots < \frac{n-1}{n} < \frac{n}{n} = 1 \right\}$$

donde $x_1 = 0, x_2 = \frac{1}{n}, \ldots, x_n = \frac{n-1}{n}$. Además,

$$\frac{1}{n} + \frac{1}{\sqrt{n^2 - 1^2}} + \frac{1}{\sqrt{n^2 - 2^2}} + \cdots + \frac{1}{\sqrt{n^2 - (n-1)^2}} =$$

$$\frac{1}{\sqrt{n^2 - 0^2}} + \frac{1}{\sqrt{n^2 - 1^2}} + \frac{1}{\sqrt{n^2 - 2^2}} + \cdots + \frac{1}{\sqrt{n^2 - (n-1)^2}} =$$

$$\frac{1}{n}\left(\frac{1}{\sqrt{1-\left(\frac{0}{n}\right)^2}} + \frac{1}{\sqrt{1-\left(\frac{1}{n}\right)^2}} + \frac{1}{\sqrt{1-\left(\frac{2}{n}\right)^2}} + \cdots \right.$$
$$\left. + \frac{1}{\sqrt{1-\left(\frac{n-1}{n}\right)^2}}\right) = S(f, P, x_i)$$

siendo $f(x) = \frac{1}{\sqrt{1-x^2}}$.

De esta forma,

$$\lim_{n \to +\infty} \left(\frac{1}{n} + \frac{1}{\sqrt{n^2-1^2}} + \frac{1}{\sqrt{n^2-2^2}} + \cdots + \frac{1}{\sqrt{n^2-(n-1)^2}}\right)$$
$$= \int_0^1 \frac{1}{\sqrt{1-x^2}} \, dx$$

Ahora, para resolver dicha integral, hacemos el cambio de variable $x = \operatorname{sen} t$. De ahí, los extremos de integración pasarán a ser $t = 0$ y $t = \frac{\pi}{2}$.

$$\int_0^1 \frac{1}{\sqrt{1-x^2}} \, dx = \int_0^{\pi/2} \frac{1}{\sqrt{1-\operatorname{sen}^2 t}} \cos t \, dt = \int_0^{\pi/2} \frac{\cos t}{\cos t} \, dt$$
$$= \int_0^{\pi/2} dt = \frac{\pi}{2}$$

Problema 2 – Determinar los extremos relativos de la función $f(x) = \int_x^{x^2} \frac{\ln t}{\sqrt{t}} \, dt$.

Solución: Sea $g(t) = \frac{\ln t}{\sqrt{t}}$. Nótese que se trata de una función continua para todo $x > 0$. De esta forma, por el Teorema Fundamental del Cálculo:

$$f'(x) = g(x^2) \cdot 2x - g(x) \cdot 1 = \frac{\ln x^2}{\sqrt{x^2}} \cdot 2x - \frac{\ln x}{\sqrt{x}}$$
$$= \ln x \cdot \left(4 - \frac{1}{\sqrt{x}}\right)$$

Igualamos la derivada a cero y resolvemos para obtener los candidatos a extremos:

$$f'(x) = 0 \Rightarrow \ln x \cdot \left(4 - \frac{1}{\sqrt{x}}\right) = 0 \Rightarrow \ln x = 0 \text{ o } 4 - \frac{1}{\sqrt{x}} = 0$$

De ahí, los candidatos son $x = 1$ y $x = \frac{1}{16}$. Además, es sencillo comprobar estudiando el signo de la derivada que $x = 1$ es un mínimo y que $x = \frac{1}{16}$ es un máximo.

Finalmente, evaluamos la función en dichos puntos para obtener las coordenadas exactas de los extremos.

$$f(1) = \int_1^1 \frac{\ln t}{\sqrt{t}} dt = 0$$

$$f\left(\frac{1}{16}\right) = \int_{1/16}^{1/256} t^{-1/2} \ln t \, dt$$

Aplicamos integración por partes tomando $u = \ln t$ y $dv = t^{-1/2}$.

$$\int_{1/16}^{1/256} t^{-1/2} \ln t \, dt = 2\sqrt{t} \ln t \Big|_{1/16}^{1/216} - \int_{\frac{1}{16}}^{\frac{1}{216}} \frac{2\sqrt{t}}{t} dt$$

$$= 2\left(\frac{1}{16} \ln \frac{1}{256} - \frac{1}{4} \ln \frac{1}{16}\right) - 2 \int_{\frac{1}{16}}^{\frac{1}{216}} t^{-1/2} dt$$

$$= 2\ln\left(\sqrt[16]{\frac{1}{256}} : \sqrt[4]{\frac{1}{16}}\right) - 2 \cdot \left.\frac{t^{\frac{1}{2}}}{\frac{1}{2}}\right|_{\frac{1}{16}}^{1/256}$$

$$= 2\ln\frac{2}{\sqrt{2}} - 4\left[\sqrt{\frac{1}{256}} - \sqrt{\frac{1}{16}}\right]$$

$$= \ln 2 - 4\left[\frac{1}{16} - \frac{1}{4}\right] = \frac{3}{4} + \ln 2$$

Luego el mínimo está en $(1,0)$ y el máximo en $\left(\frac{1}{16}, \frac{3}{4} + \ln 2\right)$.

Problema 3 – Calcular una fórmula de recurrencia para $I_n = \int_0^1 (1 - x^2)^n dx$.

Solución: Comenzamos haciendo el cambio de variable $x = \text{sen } t$. De ahí, los extremos de integración serán $t = 0$ y $t = \frac{\pi}{2}$, y $dx = \cos t \, dt$.

$$I_n = \int_0^1 (1 - x^2)^n dx = \int_0^{\pi/2} (1 - \text{sen}^2 t)^n \cos t \, dt$$

$$= \int_0^{\pi/2} \cos^{2n} t \cos t \, dt = \int_0^{\pi/2} \cos^{2n+1} t \, dt$$

A continuación, aplicamos integración por partes con $\begin{cases} u = \cos^{2n} t \\ dv = \cos t \, dt \end{cases}$ y $\begin{cases} du = 2n \cos^{2n-1} t \, (-\text{sen } t) dt \\ v = \text{sen } t \end{cases}$.

$$\int_0^{\pi/2} \cos^{2n+1} t \, dt$$

$$= \operatorname{sen} t \cos^{2n} t \Big|_0^{\pi/2}$$
$$- \int_0^{\pi/2} \operatorname{sen} t \cdot 2n \cos^{2n-1} t \, (-\operatorname{sen} t) dt$$

$$= 2n \int_0^{\pi/2} \operatorname{sen}^2 t \cdot \cos^{2n-1} t \, dt$$

$$= 2n \int_0^{\pi/2} (1 - \cos^2 t) \cdot \cos^{2n-1} t \, dt$$

$$= 2n \int_0^{\pi/2} \cos^{2n-1} t \, dt - 2n \int_0^{\pi/2} \cos^{2n+1} t \, dt$$

Recapitulando

$$\int_0^{\pi/2} \cos^{2n+1} t \, dt$$
$$= 2n \int_0^{\pi/2} \cos^{2n-1} t \, dt - 2n \int_0^{\pi/2} \cos^{2n+1} t \, dt$$

Por lo tanto,

$$\int_0^{\pi/2} \cos^{2n+1} t \, dt = \frac{2n}{1+2n} \int_0^{\pi/2} \cos^{2n-1} t \, dt$$

Lo que implica que $I_n = \frac{2n}{2n+1} I_{n-1}$. Ahora, teniendo en cuenta que

$$I_1 = \int_0^1 1 - x^2 \, dx = x - \frac{x^3}{3}\Big|_0^1 = 1 - \frac{1}{3} = \frac{2}{3}$$

podemos aplicar la recurrencia para obtener que

$$I_n = \frac{2n}{2n+1} I_{n-1} = \frac{2n}{2n+1} \cdot \frac{2n-2}{2n-1} \cdot \frac{2n-4}{2n-3} \cdot \ldots \cdot \frac{2}{3}$$

A continuación, con el objetivo de simplificar tal expresión, extraemos el 2 factor común en el numerador y multiplicamos y dividimos en el denominador por $2n \cdot (2n-2) \cdot \ldots \cdot 4 \cdot 2$.

$$I_n = \frac{2^n n(n-1)(n-2) \cdot \ldots \cdot 1}{\dfrac{(2n+1)2n(2n-1) \cdot \ldots \cdot 3 \cdot 2 \cdot 1}{2n(2n-2) \cdot \ldots \cdot 4 \cdot 2}} = \frac{2^n n!}{\dfrac{(2n+1)!}{2^n n!}}$$

En definitiva,

$$I_n = \int_0^1 (1-x^2)^n dx = \frac{(2^n n!)^2}{(2n+1)!}$$

Problema 4 – (Ceuta 2018) Dada una función $g: \mathbb{R} \to \mathbb{R}$, se considera la función $f: \mathbb{R} \to \mathbb{R}$ definida por $f(x) = \int_0^x \operatorname{sen} t \cdot g(x-t) dt$. Probar que la función $f(x)$ es dos veces derivable y, además, verifica que $f''(x) + f(x) = g(x)$ para todo $x \in \mathbb{R}$.

Solución: En primer lugar, nótese que como tanto la función seno como $g(x)$ son continuas, también lo será su producto y, por el Teorema Fundamental del Cálculo Integral, $f(x)$ es una función derivable.

Comencemos haciendo un cambio de variable: $\begin{cases} x - t = u \\ -dt = du \end{cases}$. De ahí, tenemos lo siguiente:

$$f(x) = \int_x^0 -\operatorname{sen}(x-u)g(u)du = \int_0^x \operatorname{sen}(x-u)g(u)du$$

$$= \int_0^x (\operatorname{sen} x \cos u - \cos x \operatorname{sen} u)g(u)du$$

$$= \operatorname{sen} x \int_0^x \cos u\, g(u)du - \cos x \int_0^x \operatorname{sen} u\, g(u)\, du$$

Derivamos dicha igualdad:

$$f'(x) = \cos x \int_0^x \cos u\, g(u)du + \sen x \cos x\, g(x)$$

$$+ \sen x \int_0^x \sen u\, g(u)\, du - \sen x \cos x\, g(x)$$

$$= \cos x \int_0^x \cos u\, g(u)du$$

$$+ \sen x \int_0^x \sen u\, g(u)\, du$$

Por un razonamiento análogo al del inicio de la resolución podemos garantizar que $f'(x)$ es derivable y, por ende, que $f(x)$ es dos veces derivable. Así, derivando de nuevo, obtenemos que $f''(x)$ es igual a:

$$-\sen x \int_0^x \cos u\, g(u)du + \cos^2 x\, g(x)$$

$$+ \cos x \int_0^x \sen u\, g(u)\, du + \sen^2 x g(x)$$

$$= g(x) - \sen x \int_0^x \cos u\, g(u)du$$

$$+ \cos x \int_0^x \sen u\, g(u)\, du$$

Luego $\quad f''(x) + f(x) = g(x) - f(x) + f(x) = g(x)$ como queríamos demostrar.

Problema 5 – Calcular el área del recinto formado por los puntos del plano que cumplen que $x^2 + y^2 - 36 \leq 0, y^2 \geq 9x$.

Solución: En primer lugar, ilustremos el problema con la representación del recinto pedido. Nótese que la primera curva, $x^2 + y^2 = 36$ se corresponde con una circunferencia centrada en el origen con radio $r = 6$. El área a calcular se corresponde con la región rayada.

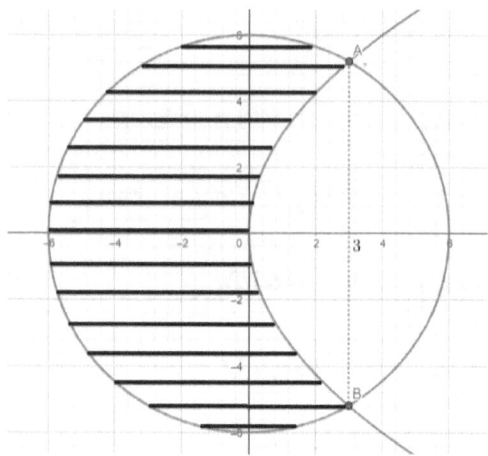

Ahora obtenemos el punto de intersección entre las dos curvas para saber entre qué valores debemos integrar.

$$y^2 = 36 - x^2 \Rightarrow 36 - x^2 = 9x \Rightarrow (x+12)(x-3) = 0$$

Luego, dicho punto es $x = 3$.

Para obtener el área, obsérvese que la parte izquierda se corresponde con un semicírculo de radio $r = 6$. De ahí que el área de dicha región sea 18π. Por otro lado, debemos calcular la parte derecha que se corresponde con la región del plano comprendida entre las dos curvas en el intervalo $[0,3]$. En este sentido, el área total pedida es: $18\pi + 2\left[\int_0^3 \sqrt{36-x^2} - \sqrt{9x}\, dx\right]$.

Separamos la integral utilizando la linealidad y, en la primera, hacemos el cambio de variable $x = 6sen\, t$.

$$18\pi + 2\left[\int_0^{\frac{\pi}{6}} \sqrt{36 - (6sen\, t)^2} \cdot 6\cos t\, dt - 3\int_0^3 x^{\frac{1}{2}} dx\right] =$$

$$= 18\pi + 2\left[36\int_0^{\frac{\pi}{6}} \cos^2 t\, dt - 3\frac{x^{\frac{3}{2}}}{\frac{3}{2}}\bigg|_0^3\right]$$

$$= 18\pi + 72\int_0^{\pi/6} \frac{1+\cos 2t}{2} dt - 12\sqrt{3}$$

$$= 18\pi + 72\left[\frac{t}{2} + \frac{\operatorname{sen} 2t}{4}\right]_0^{\pi/6} - 12\sqrt{3}$$

$$= 18\pi + 72\left[\frac{\pi}{12} + \frac{\sqrt{3}}{8}\right] - 12\sqrt{3} = 24\pi - 3\sqrt{3}$$

Problema 6 – Hallar el volumen generado por la curva $xy = 2\sqrt{2y - y^2}$ al girar alrededor del eje OX.

Solución: Comenzamos elevando al cuadrado y despejando la variable dependiente:

$$x^2y^2 = 4(2y - y^2) \Rightarrow yx^2 = 4(2-y) \Rightarrow y = \frac{8}{x^2 + 4}$$

De esta manera, el volumen que genera la curva al girar alrededor del eje OX vendrá dado por la siguiente integral impropia:

$$V = 2\pi \int_0^{+\infty} \frac{64}{(x^2+4)^2} dx = 2\pi \lim_{t \to +\infty} \int_0^t \frac{64}{(x^2+4)^2} dx$$

Obsérvese que la función del integrando es una función racional con raíces complejas múltiples en el denominador. Resolveremos esta integral utilizando el método de Hermite. Para ello descomponemos la integral como sigue:

$$\frac{64}{(x^2+4)^2} = \frac{Ax+B}{x^2+4} + \frac{d}{dx}\left(\frac{Mx+N}{x^2+4}\right)$$

$$= \frac{Ax+B}{x^2+4} + \frac{M(x^2+4) - 2x(Mx+N)}{(x^2+4)^2}$$

$$= \frac{(Ax+B)(x^2+4) + M(x^2+4) - 2x(Mx+N)}{(x^2+4)^2}$$

Desarrollando el numerador e igualando los coeficientes con el numerador original, obtenemos que $A = N = 0; B = M = 8$. Por lo tanto,

$$2\pi \lim_{t \to +\infty} \int_0^t \frac{64}{(x^2+4)^2} dx$$

$$= 2\pi \lim_{t \to +\infty} \int_0^t \frac{8}{4+x^2} + \frac{d}{dx}\left(\frac{8x}{x^2+4}\right) dx$$

$$= 2\pi \lim_{t \to +\infty} \left(4\, arctg\left(\frac{x}{2}\right) + \frac{8x}{x^2+4}\bigg|_0^t\right)$$

$$= 2\pi \lim_{t \to +\infty} \left(4\, arctg\left(\frac{t}{2}\right) + \frac{8t}{t^2+4}\right)$$

$$= 2\pi \cdot \left(4 \cdot \frac{\pi}{2} + 0\right) = 4\pi^2$$

En definitiva, el volumen es de $4\pi^2\ u^3$.

Problema 7 – Calcular la longitud del astroide $\left(\frac{x}{a}\right)^{2/3} + \left(\frac{y}{a}\right)^{2/3} = 1$.

Solución: Para hallar la longitud del astroide utilizaremos sus ecuaciones paramétricas. En este sentido, la curva viene definida por: $\begin{cases} x = a \cdot cos^3 t \\ y = a \cdot sen^3 t \end{cases}$

De ahí, la longitud viene dada por la siguiente integral:

$$L = 4 \cdot \int_0^{\pi/2} \sqrt{\left(\frac{dx}{dt}\right)^2 + \left(\frac{dy}{dt}\right)^2}\, dt$$

Sustituimos e integramos.

$$L = 4 \cdot \int_0^{\pi/2} \sqrt{\left(3a\cos^2 t \cdot (-\sen t)\right)^2 + (3a\sen^2 t \cos t)^2}\, dt$$

$$= 4 \cdot \int_0^{\frac{\pi}{2}} \sqrt{9a^2 \cos^4 t \sen^2 t + 9a^2 \sen^4 t \cos^2 t}\, dt$$

$$= 4 \cdot \int_0^{\frac{\pi}{2}} \sqrt{9a^2 \cos^2 t \sen^2 t (\cos^2 t + \sen^2 t)}\, dt$$

$$= 4 \cdot \int_0^{\pi/2} 3a \cos t \sen t\, dt$$

$$= 12a \cdot \int_0^{\frac{\pi}{2}} \cos t \sen t\, dt = 6a \cdot \sen^2 t \big|_0^{\frac{\pi}{2}} = 6a$$

Problema 8 – Se corta una cuña de tronco cilíndrico de radio $2\, dm$ dando 2 cortes con una sierra metálica que llega hasta el centro del tronco. Si uno de los cortes se hace perpendicular y el otro formando $30°$ con el primero, ¿qué volumen tendrá la cuña?

Solución: Consideramos la sección que se determina al cortar la cuña perpendicularmente a la base y al diámetro de ésta. Nótese que dicha sección será un triángulo con un ángulo agudo de $30°$, pues es el ángulo de corte de la cuña, y base $\sqrt{4-x^2}$ unidades (ecuación de la semicircunferencia que forma la base). De esta forma, la altura de dicha sección vendrá dada por

$$h = \sqrt{4-x^2}\, \tg 30° = \frac{\sqrt{3}}{3}\sqrt{4-x^2}$$

Así, el área de la sección será $S = \frac{\sqrt{3}}{3} \cdot \frac{\sqrt{4-x^2}\cdot\sqrt{4-x^2}}{2} = \frac{\sqrt{3}(4-x^2)}{6}$. Ahora ya podemos calcular el volumen de la cuña teniendo en cuenta que la variable independiente $x \in [0,2]$, por ser el radio de la base de $2\, dm$. De ahí,

$$V = 2\int_0^2 \frac{\sqrt{3}(4-x^2)}{6}dx = \frac{\sqrt{3}}{3}\left[4x - \frac{x^3}{3}\right]_0^2 = \frac{16\sqrt{3}}{9}u^3$$

Problemas propuestos:

Propuesto 1 – (Cantabria 2018) Calcular el área del recinto limitado en el primer cuadrante por el eje de abscisas y la gráfica de $f(x) = e^{-x}\,\text{sen}\,x$.

Propuesto 2 – Considera la función $f(x) = \ln x$.

    a) Determina la longitud del arco entre $x = \frac{1}{2}$ y $x = \frac{3}{2}$.
    b) Hallar el área comprendida entre la curva, el eje OX y las ordenadas correspondientes a $x = \frac{1}{2}$ y $x = \frac{3}{2}$.

Propuesto 3 – Dada $f: \mathbb{R} \to \mathbb{R}$ una función continua en $\mathbb{R}$. Se considera

$$F(x) = \begin{cases} \dfrac{1}{2x}\displaystyle\int_{-x}^{x} f(t)dt, & x \neq 0 \\ f(0), & x = 0 \end{cases}$$

    a) Demostrar que la función $F(x)$ es continua en $\mathbb{R}$.
    b) Obtener la expresión de $F'(x)$.

Propuesto 4 – Calcular el volumen engendrado por el giro de la curva de ecuación $y = f(x)$ alrededor del eje OX, entre los puntos 0 y 1, siendo

$$f(x) = \lim_{n \to +\infty} \frac{1}{n}\sum_{i=1}^{n}\left(x + \frac{i}{n}\right)^2$$

Propuesto 5 – (Cataluña 2018) Sea $A(t)$ el área limitada en el primer cuadrante entre la elipse de ecuación $4x^2 + y^2 = 1$, la recta $y = 1$ y la recta $x = t$. Calcular los valores máximo y mínimo de $A(t)$ cuando $0 \leq t \leq \frac{1}{2}$.

Propuesto 6 – Representar gráficamente $16y^2 = x^2(2 - x^2)$.

a) Hallar el área del bucle de la curva.
b) Hallar la longitud total.
c) Calcular el volumen al girar la curva alrededor del eje $0X$.
d) Obtener el área de dicha superficie.

BLOQUE 4 – Geometría

Geometría sintética

Problema 1 – La altura de un triángulo divide a la base en dos partes que miden 36 y 14 cm. Una recta perpendicular a la base divide al triángulo en dos partes de igual área. ¿Cuánto miden los segmentos en que esta perpendicular divide a la base?

Solución: Denotemos por S al área del triángulo ABC. Comencemos calculando el área de los triángulos que se obtienen al trazar la altura AM. Por comodidad, denotamos la longitud de AM por h. Teniendo en cuenta que $CM = 14\ cm$ y $MB = 36\ cm$. Las área son $S_1 = \frac{14h}{2} = 7h$; y $S_2 = \frac{36h}{2} = 18h$, respectivamente.

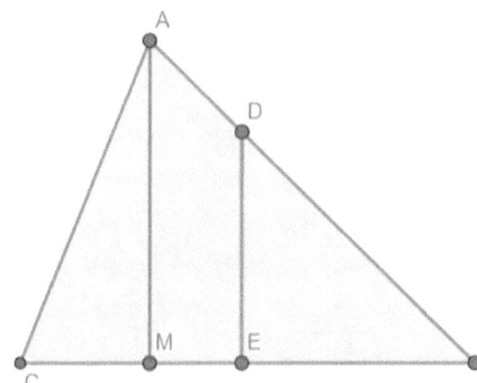

En este sentido, $S = S_1 + S_2 = 25h$.

Ahora, si denotamos por h_1 la longitud del segmento DE, se sigue que el área del triángulo BDE viene dada por $\frac{h_1 \cdot EB}{2}$, pero al ser ésta la mitad del área total, tenemos la relación $\frac{25h}{2} = \frac{h_1 \cdot EB}{2}$, lo que implica $h = \frac{h_1 \cdot EB}{25}$.

Por otro lado, obsérvese que los triángulos AMB y DEB son semejantes por estar en posición de Thales. De ahí, $\frac{h}{h_1} = \frac{36}{EB}$. Así, despejando h e igualando a la expresión anterior, obtenemos que

$$\frac{h_1 \cdot EB}{25} = \frac{36 h_1}{B} \Longrightarrow EB^2 = 900 \Longrightarrow EB = 30 \, cm$$

Así, $ME = MB - EB = 36 - 30 = 6 \, cm$, y, por ende, el otro segmento $CE = CM + ME = 14 + 6 = 20 \, cm$. En definitiva, los segmentos buscados medirán 20 y 30 cm.

Problema 2 – Las longitudes de los lados de un triángulo están en progresión geométrica de razón r. Hallar los valores de r para que el triángulo sea respectivamente acutángulo, rectángulo u obtusángulo,

Solución: Denotemos por x a la longitud del menor de los lados del triángulo. En este sentido, los otros medirán xr y xr^2 al estar en progresión geométrica.

Por un lado, el triángulo será rectángulo si se verifica el teorema de Pitágoras.

$$x^2 + x^2 r^2 = x^2 r^4 \Longrightarrow r^4 - r^2 - 1 = 0 \Longrightarrow r^2 = \frac{1 + \sqrt{5}}{2}$$

$$\Longrightarrow r = \pm \sqrt{\frac{1 + \sqrt{5}}{2}}$$

Por otro lado, el triángulo será acutángulo si se verifica la desigualdad

$$x^2 + x^2 r^2 > x^2 r^4 \Longrightarrow r^4 - r^2 - 1 < 0$$

$$\Longrightarrow r \in \left(-\sqrt{\frac{1+\sqrt{5}}{2}}, +\sqrt{\frac{1+\sqrt{5}}{2}} \right)$$

En cualquier otro caso, es decir, $r \notin \left[-\sqrt{\frac{1+\sqrt{5}}{2}}, +\sqrt{\frac{1+\sqrt{5}}{2}} \right]$, el triángulo será obtusángulo.

Problema 3 – (Extremadura 2015) En un triángulo isósceles ABC cuyos lados iguales son AB y BC, existe un punto P en el lado BC tal que $BP = PA = AC$.

a) Halla el valor de la razón $\frac{BP}{PC}$. ¿Qué relación tiene con la proporción áurea?

b) Calcula la medida de los ángulos del triángulo ABC y el coseno de dichos ángulos.

Solución: a) En primer lugar, nótese que los triángulos APC y APB son isósceles, pues $BP = PA = AC$. Además, APC es semejante a ABC, ya que de la igualdad de los lados se deduce que $\sphericalangle ACB = \sphericalangle BAC = \sphericalangle ACP = \sphericalangle CPA$. Luego, por la semejanza,

$$\frac{AC}{PC} = \frac{BC}{AC} \Rightarrow \frac{BP}{PC} = \frac{BC}{BP} = \frac{BP + PC}{BP}$$

$$\Rightarrow \frac{BP}{PC} = 1 + \frac{1}{\frac{BP}{PC}}$$

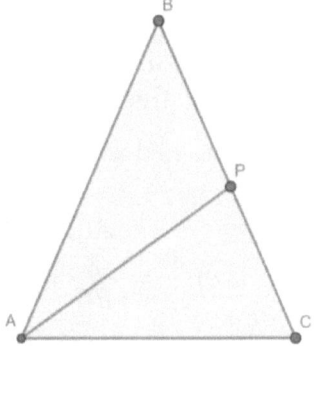

Por consiguiente, la razón $\frac{BP}{PC}$ es la solución positiva de la ecuación $x = 1 + \frac{1}{x}$, siendo ésta $x = \frac{1+\sqrt{5}}{2}$. Así que $\frac{BP}{PC} = \frac{1+\sqrt{5}}{2} = \phi$.

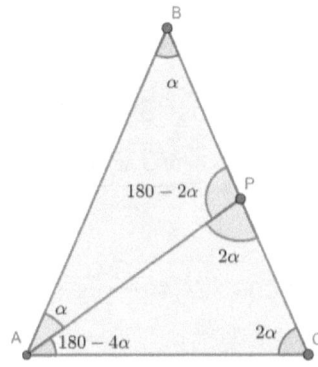

b) Sea $\alpha = \sphericalangle ABC$. Por ser el triángulo ABC isósceles, también se cumple $\alpha = \sphericalangle BAP$; y, por ende, $\sphericalangle APB = 180 - 2\alpha$. Por otro lado, los ángulos $\sphericalangle APB$ y $\sphericalangle APC$ son suplementarios, así que $\sphericalangle APC = 2\alpha$ y, de nuevo, por ser APC isósceles, tenemos que ⊀$ACP = 2\alpha$ y ⊀$PAC = 180 - 4\alpha$.

Ahora bien, como ABC es isósceles, se da la igualdad: ⊀$BAC =$ ⊀ACB. De ahí,

$$\alpha + 180 - 4\alpha = 2\alpha \Rightarrow 180 = 5\alpha \Rightarrow \alpha = 36°$$

En conclusión, los ángulos iguales del triángulo miden 72° y el desigual mide 36°. Terminemos calculando el coseno de dichos ángulos. Para ello, consideremos la siguiente figura y utilicemos el apartado anterior, es decir, $\frac{BP}{PC} = \frac{1+\sqrt{5}}{2}$.

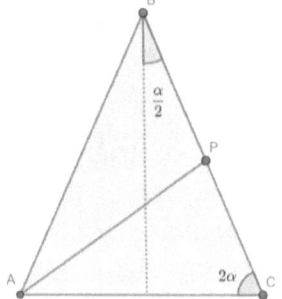

$$sen\frac{\alpha}{2} = \frac{\frac{AC}{2}}{BC} = \frac{BP}{2BC} = \frac{1}{2} \cdot \frac{\frac{BP}{BC}}{1 + \frac{BP}{PC}} = \frac{1}{2} \cdot \frac{\frac{1+\sqrt{5}}{2}}{1 + \frac{1+\sqrt{5}}{2}}$$

$$= \frac{\sqrt{5}-1}{4}$$

Así,

$$\cos\alpha = \cos\left(2 \cdot \frac{\alpha}{2}\right) = \cos^2\left(\frac{\alpha}{2}\right) - sen^2\left(\frac{\alpha}{2}\right) = 1 - 2sen^2\left(\frac{\alpha}{2}\right)$$

$$= 1 - 2 \cdot \left(\frac{\sqrt{5}-1}{4}\right)^2 = 1 - \frac{6-2\sqrt{5}}{8} = \frac{1+\sqrt{5}}{4}$$

Por otro lado,

$$\cos 72° = \cos^2 36° - sen^2 36° = 2\cos^2 36° - 1$$

$$= 2 \cdot \left(\frac{1+\sqrt{5}}{4}\right)^2 - 1 = \frac{\sqrt{5}-1}{4}$$

En definitiva, $\cos 36° = \frac{1+\sqrt{5}}{4}$ y $\cos 72° = \frac{\sqrt{5}-1}{4}$.

Problema 4 – (Asturias 2016) Responda razonadamente a las siguientes cuestiones:

a) Dado un triángulo equilátero de catetos a y b e hipotenusa c, exprese la longitud del radio r de la circunferencia inscrita en el triángulo en función de a, b y c.

b) Un cuadrado de papel $ABCD$ se dobla según un segmento PQ, donde P es un punto del lado AB y Q es un punto del lado CD, hasta que el vértice A coincide con un punto R del lado BC, formándose así tres triángulos rectángulos PBR, RCS y QTS de una sola capa de papel. Demuestra que el cateto ST del triángulo QTS mide lo mismo que el radio de la circunferencia inscrita en el triángulo RCS.

Solución: Dado un triángulo rectángulo de catetos a, b, su área viene dada por $S = \frac{1}{2}ab$. Por otro lado, también podemos calcular el área de un rectángulo a partir del radio de la circunferencia inscrita como $S = pr$, donde r denota dicho radio y p representa el semiperímetro del triángulo. De esta forma, igualando ambas expresiones y despejando r, obtenemos:

$$pr = \frac{1}{2}ab \Rightarrow \frac{a+b+c}{2} \cdot r = \frac{1}{2}ab \Rightarrow r = \frac{ab}{a+b+c}$$

b) Sea r el radio de la circunferencia inscrita en el triángulo RCS. Nuestro objetivo es probar que $r = ST$. En primer lugar, asumimos sin pérdida de generalidad que el cuadrado tiene lado unidad.

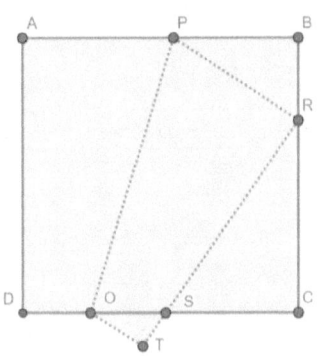

Nótese que $\sphericalangle BPR$ y $\sphericalangle CRS$ son iguales por ser sus lados perpendiculares. Por lo tanto, como además son rectángulos, son semejantes y aplicando el Teorema de Thales obtenemos las igualdades **(I1)**:

$$\frac{PB}{RC} = \frac{BR}{CS} = \frac{PR}{RS}$$

A continuación, aplicamos el Teorema de Pitágoras al triángulo PBR: $PB^2 + BR^2 = PR^2$.

Además, $PB + PR = AB = 1$. Así que tenemos el sistema

$$\begin{cases} PB^2 + BR^2 = PR^2 \\ PB + PR = 1 \end{cases} \Rightarrow \begin{cases} (PB + PR)(PB - PR) = -BR^2 \\ PB + PR = 1 \end{cases}$$
$$\Rightarrow \begin{cases} PB - PR = -BR^2 \\ PB + PR = 1 \end{cases}$$

Sumando y restando las ecuaciones, obtenemos que $PB = \frac{1-BR^2}{2}$ y $PR = \frac{1+BR^2}{2}$. Ahora, sustituimos dichas expresiones en **(I1)**:

$$\frac{\frac{1-BR^2}{2}}{1-BR} = \frac{BR}{CS} = \frac{\frac{1+BR^2}{2}}{RS}$$

Despejamos CR y RS.

$$\frac{\frac{1-BR^2}{2}}{1-BR} = \frac{BR}{CS} \Rightarrow CS = \frac{2BR(1-BR)}{1-BR^2} = \frac{2BR}{1+BR}$$

$$\frac{\frac{1-BR^2}{2}}{1-BR} = \frac{\frac{1+BR^2}{2}}{RS} \Rightarrow RS = \frac{1+BR^2}{1+BR}$$

Así, utilizando la fórmula del apartado anterior,

$$r = \frac{CS \cdot RC}{CS + RC + RS} = \frac{\frac{2BR}{1+BR} \cdot (1-BR)}{\frac{2BR}{1+BR} + 1 - BR + \frac{1+BR^2}{1+BR}}$$
$$= \frac{BR \cdot (1-BR)}{1+BR}$$

Por último,

$$ST = 1 - RS = 1 - \frac{1 + BR^2}{1 + BR} = \frac{BR \cdot (1 - BR)}{1 + BR}$$

En definitiva, $ST = \frac{BR \cdot (1-BR)}{1+BR} = r$, como queríamos probar.

Problema 5 – (Asturias 2018) Dado un triángulo rectángulo ABC cuyos lados miden: $a = 6$; $b = 8$; $c = 10$. Demostrar que existe una única recta que biseca el área y el perímetro de dicho triángulo e indicar de qué recta se trata.

Solución: El área del triángulo dado es de $24\ u^2$ y el perímetro de $24\ u$. Resolvamos el problema distinguiendo casos en función de por donde pase la recta pedida.

Caso 1: La recta pasa por uno de los vértices. Razonaremos únicamente para el vértice A por ser el resto de situaciones análogas.

Los triángulos ACD y ADB tienen misma área y altura. Por lo tanto, deben tener misma base. Esto implica que D es el punto medio del segmento CB. Ahora, aplicando la condición del perímetro:

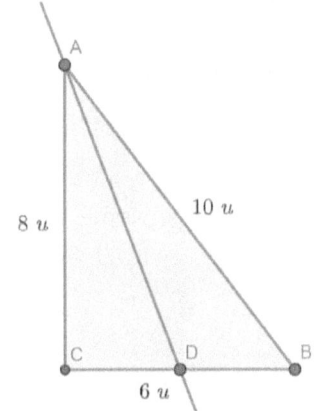

$$AC + CD + DA = AB + BD + DA$$
$$\Rightarrow 8 + 3 + DA = 10 + 3 + DA \Rightarrow 8 = 10$$

llegando así a una contradicción. Luego este caso no es posible.

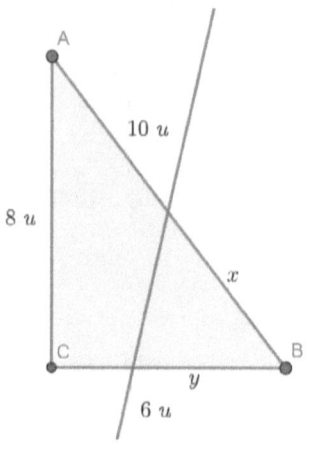

Caso 2: La recta corta a los lados AB y CB. Denotemos por x e y a los segmentos BM y BN respectivamente. Por un lado, utilizamos que la recta divide el perímetro por la mitad. Esto es, $x + y = 12$. Por otro lado, el área del triángulo MNB será también la mitad del área del triángulo ABC. De ahí, $\frac{x \cdot y \cdot \operatorname{sen} B}{2} = 12 \Rightarrow \frac{x \cdot y \cdot \frac{8}{10}}{2} = 12 \Rightarrow x \cdot y = 30$.

Así, debemos resolver el sistema $\begin{cases} x + y = 12 \\ x \cdot y = 30 \end{cases}$, cuya única solución válida para el problema es: $x = 6 + \sqrt{6}$ e $y = 6 - \sqrt{6}$.

Caso 3: La recta corta a los lados AB y AC. Razonando análogamente al caso anterior, llegamos al sistema de ecuaciones $\begin{cases} x + y = 12 \\ x \cdot y = 40 \end{cases}$. Dicho sistema no tiene soluciones reales y, por ende, no puede darse el presente caso.

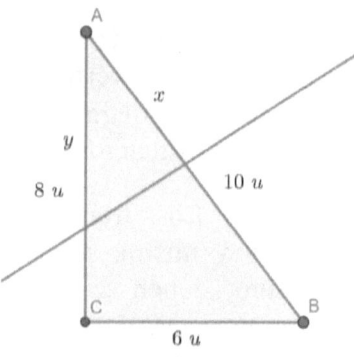

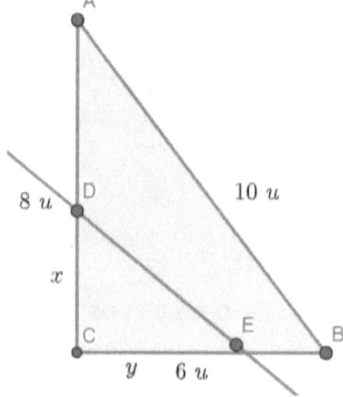

Caso 4: La recta corta a los lados AC y CB. De nuevo, razonando como en los casos anteriores, obtenemos el sistema $\begin{cases} x + y = 12 \\ x \cdot y = 24 \end{cases}$. Sus soluciones son $6 \pm 2\sqrt{3}$. Ahora bien, $6 + 2\sqrt{3} > 8$ y obtenemos así una contradicción, pues al medir AC y CB, 8 y 6 unidades respectivamente, ninguno de los segmentos trazados puede medir más.

En definitiva, hemos probado que sólo existe una recta que divide el triángulo dado en las condiciones pedidas. En concreto, ilustramos dicha división en la siguiente figura.

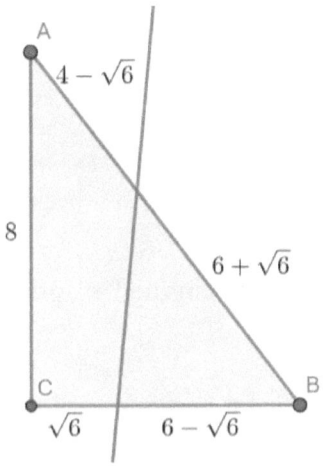

Problema 6 – (C. Valenciana 2019) Sea un trapecio, no isósceles, de bases AB y CD. Se el punto E la intersección de los segmentos AD y BC, y sea el punto F la intersección de las rectas prolongación de los segmentos AC y BD. Consideramos la recta r que pasa por los puntos E y F. Demostrar que esta recta r corta ambas bases en sus puntos medios.

Solución: Obsérvese la figura adjunta que ilustra el problema. En primer lugar, destacamos que los triángulos CEM y NBE son semejantes por ser los segmentos CD y AB paralelos; y los ángulos $\sphericalangle CEM$ y $\sphericalangle NEB$ opuestos por el vértice. Por lo tanto, aplicando el teorema de Thales obtenemos $\frac{CM}{NB} = \frac{EM}{EN}$.

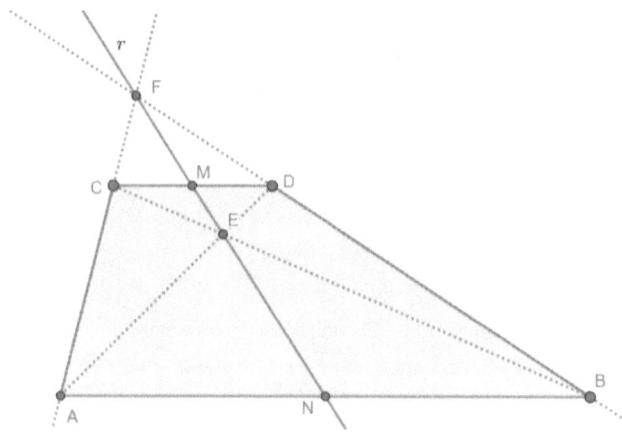

Por el mismo motivo, el triángulo DEM es semejante al ANE y llegamos a que $\frac{MD}{AN} = \frac{EM}{EN}$. Ahora, igualando ambas expresiones, obtenemos la siguiente igualdad que denotamos por **(I1)**: $\frac{CM}{NB} = \frac{MD}{AN}$.

Por otro lado, los triángulos AFN y CFM; y los triángulos NFB y MFD son semejantes por estar en posición de Thales. De ahí, del primer par de triángulos deducimos que $\frac{CM}{AN} = \frac{FM}{FN}$; y del segundo, $\frac{MD}{NB} = \frac{FM}{FN}$. Igualando de nuevo, obtenemos **(I2)**: $\frac{CM}{AN} = \frac{MD}{NB}$.

Por último, nótese que para ver que M y N son los puntos medios de las bases, necesitamos probar que $CM = MD$ y $AN = NB$. Para ello es suficiente con despejar convenientemente en **(I1)** e **(I2)**, igualar y simplificar.

$$\frac{MD \cdot NB}{AN} = \frac{MD \cdot AN}{NB} \Rightarrow NB^2 = AN^2 \Rightarrow NB = AN$$

$$\frac{CM \cdot AN}{MD} = \frac{MD \cdot AN}{CM} \Rightarrow CM^2 = MD^2 \Rightarrow CM = MD$$

Problema 7 – (Castilla La Mancha – 2015) En el triángulo acutángulo ABC, AH, AD y AM son, respectivamente, la altura, la bisectriz y la mediana que parten de A, estando H, D y M en el lado BC. Si las longitudes de AB, AC y MD son respectivamente, 11, 8 y 1, calcule la longitud del segmento DH.

Solución: Denotamos por α a la mitad del ángulo $\sphericalangle BAC$; por β al ángulo $\sphericalangle AMB$; y por a a la mitad del lado BC, es decir, al segmento BM.

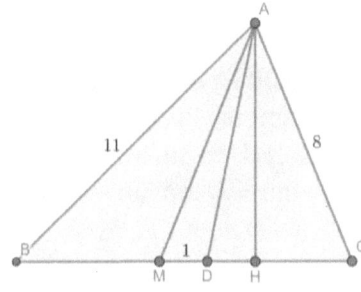

Aplicamos el teorema del seno en los triángulos ABD y ACD.

$$\begin{cases} \dfrac{\operatorname{sen}\alpha}{a+1} = \dfrac{\operatorname{sen}\beta}{11} \\ \dfrac{\operatorname{sen}\alpha}{a-1} = \dfrac{\operatorname{sen}(\pi-\beta)}{8} = \dfrac{\operatorname{sen}\beta}{8} \end{cases}$$

De ahí, despejando el cociente de los senos e igualando las expresiones, obtenemos

$$\frac{a+1}{11} = \frac{a-1}{8} \Longrightarrow 8a+8 = 11a-11 \Longrightarrow a = \frac{19}{3}$$

Por lo tanto, el lado BC mide $\frac{38}{3}$. A continuación, nos centramos en los triángulos rectángulos ABH y ACH y aplicamos el teorema de Pitágoras en ambos.

$$\begin{cases} 11^2 = AH^2 + \left(\dfrac{38}{3} - HC\right)^2 \\ 8^2 = AH^2 + HC^2 \end{cases} \Longrightarrow 121 = 64 - \frac{76}{3}HC + \frac{1444}{9}$$

$$\Longrightarrow HC = \frac{49}{12}$$

Por último, nótese que $BC = BM + MD + DH + HD$, es decir,

$$\frac{38}{3} = \frac{19}{3} + 1 + DH + \frac{49}{12} \Longrightarrow DH = \frac{5}{4}$$

Problemas propuestos:

Propuesto 1 – Un triángulo isósceles de ángulo desigual 120° está circunscrito a un círculo de radio R. Halla sus lados.

Propuesto 2 – Se trazan por un punto de una circunferencia dos cuerdas de longitudes x e y. Si el área del triángulo al unir sus extremos es S. Determinar el radio del círculo.

Propuesto 3 – **(Castilla La Mancha 2000)** Sea M el punto medio de una cuerda PQ de la circunferencia. Por M se trazan otras dos cuerdas AB y CD. La cuerda AD corta a PQ en un punto X y la cuerda BC corta a la cuerda PQ en un punto Y. Demostrar que M es también el punto medio de XY.

Propuesto 4 – **(C. Valenciana 2009)** Se consideran tres circunferencias tangentes exteriores dos a dos y cada una de ellas tangente a dos de los tres lados de un triángulo. Exprese el área del triángulo cuyos vértices son los centros de las tres circunferencias en función de a, b y c de cada uno de los puntos de tangencia de cada par de circunferencias al lado del triángulo que es tangente a dichas circunferencias.

Propuesto 5 – **(Aragón 2014)** Sea un cuadrilátero $ABCD$ inscrito en una circunferencia de radio unidad, de tal manera que el lado AB es el diámetro de la circunferencia. Además, este cuadrilátero admite una circunferencia inscrita en él. Probar que se verifica que: $|CD| \leq 2\sqrt{5} - 4$.

Propuesto 6 – **(Madrid 2006)** Un triángulo equilátero inscrito en una circunferencia de centro O y radio $4\, cm$ se gira un ángulo recto en torno al punto O, obteniendo un nuevo triángulo. Determine el área de la parte común a ambos triángulos.

Propuesto 7 – **(C. Valenciana 2016)** Sea C una circunferencia y P un punto del plano euclídeo exterior a la circunferencia. Sea s una recta que pasa por P y es secante con C. Si A y B son los puntos de corte de la circunferencia con s, demuestre que el producto $PA \cdot PB$ no depende de la recta secante s elegida.

Geometría analítica

Problema 1 – Sean las rectas $r: \frac{x-1}{2} = \frac{y}{1} = \frac{z-a}{-1}$; $s: \frac{x+1}{3} = \frac{y-2}{1} = \frac{z}{1}$.

a) Hallar a para que r y s se corten.
b) Hallar para ese valor de a el plano que contiene a r y a s.
c) Determinar la proyección de la recta $t: \frac{x}{1} = \frac{y}{2} = \frac{z}{-3}$ sobre el plano π.
d) Hallar un punto de s y otro de t tal que la recta que los une sea perpendicular a la recta s y a la recta t.

Solución: a) Comenzamos extrayendo de las ecuaciones continuas de las rectas la información relativa al vector director y a un punto perteneciente a la recta para cada una de ellas. En este sentido, r viene determinada por el punto $A(1,0,a)$ y el vector director $\vec{v_r}(2,1,-1)$; y s por $B(-1,2,0)$ y $\vec{v_s}(3,1,1)$. Ahora, para que las rectas se corten, necesitamos que el producto mixto de los vectores directores y el vector que une los puntos A y B sea nulo.

$$[\vec{AB}, \vec{v_r}, \vec{v_s}] = 0 \Rightarrow \begin{vmatrix} -2 & 2 & -a \\ 2 & 1 & -1 \\ 3 & 1 & 1 \end{vmatrix} = a - 14 = 0 \Rightarrow a = 14$$

b) Obtenemos la ecuación del plano pedido utilizando los vectores directores y uno de los puntos calculados en el apartado anterior.

$$\begin{vmatrix} x-1 & y & z \\ 2 & 1 & -1 \\ 3 & 1 & 1 \end{vmatrix} = 0 \Rightarrow \pi: 2x - 5y - z + 12 = 0$$

c) Comenzamos calculando el plano que contiene a t y es perpendicular a π.

$$\begin{vmatrix} x & y & z \\ 1 & 2 & -3 \\ 2 & -5 & -1 \end{vmatrix} = 0 \Rightarrow -17x - 5y - 9z = 0$$

Seguidamente, intersecamos los dos planos para obtener la proyección.

$$\begin{cases} 2x - 5y - z + 12 = 0 \\ 17x + 5y + 9z = 0 \end{cases}$$

Obsérvese que éstas son las ecuaciones implícitas de la proyección.

d) A partir de las ecuaciones paramétricas de las rectas podemos dar un punto genérico de las mismas. En el caso de s, tenemos el punto $P(-1 + 3\lambda, 2 + \lambda, \lambda)$; y para t, el punto $Q(\mu, 2\mu, -3\mu)$. De ahí obtenemos el vector que une dos puntos cualesquiera de las rectas: $\vec{PQ} = (-1 + 3\lambda - \mu, 2 + \lambda - 2\mu, \lambda + 3\mu)$.

Por último, para garantizar la perpendicularidad, exigimos que el producto escalar de dicho vector con los directores de las rectas sea nulo.

$$\begin{cases} \vec{PQ} \cdot \vec{v_s} = 0 \\ \vec{PQ} \cdot \vec{v_t} = 0 \end{cases} \Rightarrow \begin{cases} 11\lambda - 2\mu - 1 = 0 \\ 2\lambda - 14\mu + 3 = 0 \end{cases} \Rightarrow \begin{cases} \lambda = \dfrac{2}{15} \\ \mu = \dfrac{7}{30} \end{cases}$$

Por consiguiente, los puntos pedidos son $P\left(-\dfrac{3}{5}, \dfrac{32}{15}, \dfrac{2}{15}\right)$ y $Q\left(\dfrac{7}{30}, \dfrac{7}{15}, -\dfrac{7}{10}\right)$.

Problema 2 – Calcular la distancia del plano $\pi: x - 2y + z - 2 = 0$ a la curva

$$C: \begin{cases} y = 0 \\ x^2 + z^2 + 6x + 8z + 23 = 0 \end{cases}$$

Solución: En primer lugar, parametrizamos la curva, la cual dependerá de un único parámetro.

$$x^2 + z^2 + 6x + 8z + 23 = 0 \Rightarrow x^2 + 6x + 9 + z^2 + 8z + 16 = 2 \Rightarrow (x+3)^2 + (z+4)^2 = 2$$

De ahí, utilizando la parametrización de la circunferencia:

$$\begin{cases} x = -3 + \sqrt{2}\cos t \\ z = -4 + \sqrt{2}\,\text{sen}\, t \end{cases}$$

Luego un punto genérico de la curva es de la forma

$$P(-3 + \sqrt{2}\cos t, 0, -4 + \sqrt{2}\,\text{sen}\, t)$$

A continuación, calculamos la distancia punto-plano.

$$d(t) = \frac{|-3 + \sqrt{2}\cos t - 4 + \sqrt{2}\,\text{sen}\, t - 2|}{\sqrt{6}}$$
$$= \frac{|-9 + \sqrt{2}(\cos t + \text{sen}\, t)|}{\sqrt{6}}$$

Hallemos el mínimo de dicha distancia derivando e igualando a cero.

$$d'(t) = \frac{\sqrt{3}}{3}(-\text{sen}\, t + \cos t) = 0 \Rightarrow \text{sen}\, t = \cos t$$

Por lo tanto, los candidatos a extremo son $t = \frac{\pi}{4}$ y $t = \frac{5\pi}{4}$. Evaluándolos en la distancia, obtenemos que $d\left(\frac{\pi}{4}\right) = \frac{7}{\sqrt{6}}$ y $d\left(\frac{5\pi}{4}\right) = \frac{11}{\sqrt{6}}$. Por ende, la distancia del plano a la curva es $\frac{7}{\sqrt{6}}\, u$.

Problema 3 – (Canarias 2006) Sea $R = \{0, \vec{u_1}, \vec{u_2}\}$ un sistema de referencia sobre el plano afín $\mathbb{R}^2$. Se considera la curva que en dicha referencia tiene por ecuación: $y^2 - x^2 + 3 = 0$.

Determine la ecuación de la simétrica de dicha curva respecto del punto $P(1, -2)$.

Solución: Denotemos por $Q(x, y)$ un punto genérico de la curva simétrica. De esta forma, el punto P es el punto medio del segmento que une Q con su correspondiente simétrico (x', y') de la curva dada. De ahí,

$$\begin{cases} \dfrac{x + x'}{2} = 1 \\ \dfrac{y + y'}{2} = -2 \end{cases} \Longrightarrow \begin{cases} x' = 2 - x \\ y' = -4 - y \end{cases}$$

Nótese que el punto $(2 - x, -4 - y)$ está en la curva dada. Luego satisface su ecuación. Por lo tanto, sustituyendo obtenemos lo siguiente:

$$(-4 - y)^2 - (2 - x)^2 + 3 = 0 \Longrightarrow y^2 - x^2 + 4x + 8y + 15 = 0$$

siendo ésta la ecuación de la curva simétrica pedida.

Problema 4 – (Andalucía 2014) En el espacio afín euclídeo tridimensional se consideran la recta

$$r: \begin{cases} x + y = 0 \\ x - z = 0 \end{cases}$$

y el plano $\pi: 2x - y + 2z + 1 = 0$. Determine:

a) Los puntos de r situados a distancia $\dfrac{1}{3}$ del plano π.

b) Los puntos del plano π a distancia $\dfrac{1}{3}$ de los puntos hallados en a).

Solución: a) Obtenemos las ecuaciones paramétricas de r para obtener fácilmente un punto genérico de la recta. En este sentido, $r: \begin{cases} x = \lambda \\ y = -\lambda \\ z = \lambda \end{cases}$ con $\lambda \in \mathbb{R}$. Tomamos un punto $P(\lambda, -\lambda, \lambda)$ y calculamos su distancia a π.

$$d(P, \pi) = \frac{|2\lambda + \lambda + 2\lambda + 1|}{\sqrt{2^2 + (-1)^2 + 2^2}} = \frac{|5\lambda + 1|}{3}$$

Queremos que $\frac{|5\lambda+1|}{3} = \frac{1}{3}$, por lo tanto, $|5\lambda + 1| = 1$ y obtenemos dos soluciones, a saber, $\lambda_1 = 0$ y $\lambda_2 = -\frac{2}{5}$. Luego los puntos pedidos son $(0,0,0)$ y $\left(-\frac{2}{5}, \frac{2}{5}, -\frac{2}{5}\right)$.

b) Calculamos las rectas que pasan por los puntos obtenidos en el apartado anterior y son perpendiculares a π. Para ello utilizamos el vector normal del plano, $\vec{n}(2, -1, 2)$.

La recta perpendicular al plano que pasa por $(0,0,0)$ tiene ecuación

$$s: \begin{cases} x = 2\lambda \\ y = -\lambda \\ z = 2\lambda \end{cases}$$

y la perpendicular que pasa por $\left(-\frac{2}{5}, \frac{2}{5}, -\frac{2}{5}\right)$ viene dada por

$$t: \begin{cases} x = -\frac{2}{5} + 2\mu \\ y = \frac{2}{5} - \mu \\ z = -\frac{2}{5} + 2\mu \end{cases}$$

De ahí, los puntos buscados son la intersección de dichas rectas con el plano π. Sustituimos las coordenadas de los puntos de la recta en la ecuación de π.

$$r \cap \pi \equiv 4\lambda + \lambda + 4\lambda + 1 = 0 \Longrightarrow \lambda = -\frac{1}{9}$$

$$s \cap \pi \equiv -\frac{4}{5} + 4\mu - \frac{2}{5} + \mu - \frac{4}{5} + 4\mu + 1 = 0 \Longrightarrow \mu = \frac{1}{9}$$

Por consiguiente, los puntos pedidos son $\left(-\frac{2}{9}, \frac{1}{9}, -\frac{2}{9}\right)$ y $\left(-\frac{8}{45}, \frac{13}{45}, -\frac{8}{45}\right)$.

Problema 5 – (Navarra 2000) Dadas las rectas

$$\begin{cases} r \equiv \dfrac{x-2}{3} = y = \dfrac{z+1}{5} \\ s \equiv \begin{cases} x + y - z = 0 \\ 2x + 3y + 6 = 0 \end{cases} \end{cases}$$

a) Estudiar la posición relativa de ambas rectas.
b) Calcular la distancia entre ellas.

Solución: a) En primer lugar, obtenemos los vectores directores de ambas rectas. En el caso de r es directo, pues los denominadores de la ecuación continua nos dan sus coordenadas, a saber, $\vec{v_r} = (3,1,5)$. Por otro lado, para s debemos hacer el producto vectorial de los vectores normales que definen los planos de las ecuaciones implícitas.

$$\vec{v_s} = \begin{vmatrix} \vec{i} & \vec{j} & \vec{k} \\ 1 & 1 & -1 \\ 2 & 3 & 0 \end{vmatrix} = (3, -2, 1)$$

Ahora, obtenemos un punto de cada una de las rectas. Por ejemplo, $A(2,0,-1)$ pertenece a r; y $B(0,-2,-2)$ está en s. Así, es suficiente con estudiar el determinante de los vectores directores y del vector $\overrightarrow{AB}$.

$$\begin{vmatrix} 3 & 1 & 5 \\ 3 & -2 & 1 \\ -2 & -2 & -1 \end{vmatrix} = -37 \neq 0$$

Al ser el determinante anterior no nulo, se sigue que las rectas se cruzan en el espacio.

b) Calculemos la distancia entre las rectas teniendo en cuenta que se cruzan.

$$d(r,s) = \frac{|\det(\vec{v_r}, \vec{v_s}, \overrightarrow{AB})|}{|\vec{v_r} \times \vec{v_s}|} = \frac{|-37|}{\begin{Vmatrix} \vec{i} & \vec{j} & \vec{k} \\ 3 & 1 & 5 \\ 3 & -2 & 1 \end{Vmatrix}} = \frac{37}{|11,12,-9|}$$

$$= \frac{37}{\sqrt{346}}$$

Problema 6 – (Madrid 2021) Se consideran los siguientes elementos en el plano: C es la circunferencia de centro el punto $C(0, a)$ y radio a, donde $a > 0$, y s es la recta horizontal que pasa por el punto $(0, 2a)$. Se dibuja una recta t que pase por el origen de coordenadas y por cualquier punto M de la circunferencia distinto del origen de coordenadas. Sea N el punto de intersección de la recta anterior con la recta s. Se considera la curva que se obtiene por la intersección de la recta horizontal que pasa por M y la recta vertical que pasa por N, al recorrer M la circunferencia C. Determine la ecuación de la curva.

Solución: Comencemos obteniendo las coordenadas del punto M. Dicho punto es la intersección de la circunferencia de centro $C(0, a)$ y radio a y la recta t. En este sentido, C tiene por ecuación $x^2 + (y - a)^2 = a^2$; mientras que t vendrá dada por la ecuación $y = mx$, ya que es una recta que pasa por el origen de coordenadas. De ahí, M será la solución del sistema que forman dichas ecuaciones.

$$\begin{cases} x^2 + (y-a)^2 = a^2 \\ y = mx \end{cases} \Rightarrow x^2 + (mx - a)^2 = a^2$$

$$\Rightarrow x\big((1 + m^2)x - 2am\big) = 0$$

Por lo tanto, al ser M un punto de la circunferencia distinto del origen, $x = \frac{2am}{1+m^2}$ y sus coordenadas serán $M = \left(\frac{2am}{1+m^2}, \frac{2am^2}{1+m^2}\right)$.

Por otro lado, el punto N es la intersección de s, con ecuación $y = 2a$; y de la recta t. Así, que N es la solución del siguiente sistema:

$$\begin{cases} y = mx \\ y = 2a \end{cases} \Rightarrow x = \frac{2a}{m}$$

Luego, $N = \left(\frac{2a}{m}, 2a\right)$.

Por último, calculamos la ecuación de la curva pedida teniendo en cuenta que se trata de la intersección de la recta horizontal que pasa por M, $y = \frac{2am^2}{1+m^2}$; y la recta vertical que pasa por N, $x = \frac{2a}{m}$.

$$\begin{cases} y = \dfrac{2am^2}{1+m^2} \\ x = \dfrac{2a}{m} \end{cases} \Rightarrow y = \frac{2a\left(\frac{2a}{m}\right)^2}{1+\left(\frac{2a}{m}\right)^2} = \frac{8a^3}{x^2+4a^2}$$

En definitiva, la curva tiene ecuación $y = \frac{8a^3}{x^2+4a^2}$.

Problemas propuestos:

Propuesto 1 – Sean la recta $r: \begin{cases} x + y = 0 \\ x - y = 0 \end{cases}$ y el plano $\pi: 2x - y + 2z + 1 = 0$.

a) Determina los puntos de r que distan $\frac{2}{3}$ del plano π.

b) Obtén los puntos de π que distan $\frac{2}{3}$ de los puntos del apartado anterior.

Propuesto 2 – Dados los puntos $A(1,0,1), B(2,1,0)$ y $C(0,2,3)$, se pide obtener:

a) El área del triángulo OAB, y el volumen del tetraedro $OABC$.
b) La distancia desde O al plano que contiene el triángulo ABC.
c) La distancia desde el punto medio OC al plano anterior.

Propuesto 3 – Dadas las rectas $r: \begin{cases} 2x - 2y - z = 9 \\ 4x - y + z = 42 \end{cases}$, y la s que pasa por los puntos $P(1,3,-4)$ y $Q(3,-5,-2)$, justifica que se cruzan, halla su perpendicular común t, y calcula el punto de intersección de t con s.

Propuesto 4 – Considera el punto $P(0,1,-1)$, la recta $r: \begin{cases} x - 2y + z = 0 \\ 2x - z + 4 = 0 \end{cases}$, y el plano $\pi: x - 2y - z = 2$. Halla la recta s que pasa por P, es paralela a π, y corta a r.

Propuesto 5 – Considera las rectas $r: \begin{cases} x = y \\ z = 2 \end{cases}$ y $s: \begin{cases} x + y = 1 \\ z = 3 \end{cases}$. Determina la recta que corta a ambas, siendo perpendicular al plano $\pi: z = 0$.

Propuesto 6 – (**C. Valenciana 2006**) Consideremos un tetraedro regular de vértices A, B, C y D. Si el punto E recorre la arista AB, ¿cuándo es máximo el ángulo $\sphericalangle CED$?

Lugares geométricos. Cónicas

Problema 1 – Clasifica la siguiente cónica en función de los valores de a:

$$9x^2 + ay^2 - 6axy + 3a - 12 = 0$$

Solución: Comenzamos escribiendo la matriz asociada a la cónica y calculamos su determinante para ver qué valores del parámetro lo anulan.

$$A = \begin{pmatrix} 3a - 12 & 0 & 0 \\ 0 & 9 & -3a \\ 0 & -3a & a \end{pmatrix}$$

$$|A| = (3a - 12)(9a - 9a^2) = 0$$

Luego $a = 0, a = 1$ y $a = 4$ son los valores que anulan el determinante. Por otro lado, obtenemos el determinante de la submatriz $A_{00} = \begin{pmatrix} -9 & -3a \\ -3a & a \end{pmatrix}$, a saber, $|A_{00}| = 9a - 9a^2$, que se anula para $a = 0$ y $a = 1$. De ahí,

- ✓ Si $a = 4$, entonces $|A| = 0$ y $|A_{00}| < 0$, luego son rectas reales no paralelas.
- ✓ Si $a = 0$, entonces $|A| = 0$ y $|A_{00}| = 0$. Así que necesitamos calcular

$$|A_{11}| + |A_{22}| = \begin{vmatrix} -12 & 0 \\ 0 & 0 \end{vmatrix} + \begin{vmatrix} -12 & 0 \\ 0 & 9 \end{vmatrix} = -108 < 0$$

Por ende, se trata de rectas paralelas reales.

- ✓ Si $a = 1$, de nuevo $|A| = |A_{00}| = 0$ y $|A_{11}| + |A_{22}| < 0$. Así que obtenemos rectas paralelas reales.
- ✓ Si $a \notin \{0,1,4\}$, $|A| \neq 0$ y $|A_{00}| \neq 0$. En concreto, $|A_{00}| = 9a(1 - a)$. Por consiguiente, si $a \in (0,1)$, $|A_{00}| > 0$ y la cónica es una elipse. Por otro lado, si $a \neq (0,1)$, $|A_{00}| < 0$ y se trata de una hipérbola.

Problema 2 – (Extremadura 2004) Hallar el lugar geométrico de los centros de las hipérbolas equiláteras que pasan por los vértices del triángulo determinado por las rectas $x = 0$; $y = 0$; $y = 1 - x$.

Solución: Al tratarse de una hipérbola equilátera, la ecuación de la cónica vendrá dada por $x^2 - y^2 + 2axy + 2bx + 2cy + d = 0$, donde $a, b, c, d \in \mathbb{R}$.

En primer lugar, nótese que los vértices del triángulo dado son $(0,0)$, $(1,0)$ y $(0,1)$. Utilizamos que la hipérbola pasa por dichos puntos. Para ello sustituimos los puntos en la ecuación previa. El vértice $(0,0)$ implica $d = 0$. El $(1,0)$ nos lleva a $b = -\frac{1}{2}$; y $(0,1)$ implica $c = \frac{1}{2}$. En este sentido, la ecuación de la cónica se reduce a la siguiente:

$$x^2 - y^2 + 2axy - x + y = 0$$

A continuación, comprobamos que, efectivamente, se trata de una hipérbola. Obsérvese que la matriz asociada es

$$A = \begin{pmatrix} 0 & -\frac{1}{2} & \frac{1}{2} \\ -\frac{1}{2} & 1 & a \\ \frac{1}{2} & a & -1 \end{pmatrix}$$

De ahí, $|A| = -\frac{1}{2}a$ y $|A_{00}| = \begin{vmatrix} 1 & a \\ a & -1 \end{vmatrix} = -1 - a^2$. Luego para todo $a \neq 0$, $|A| \neq 0$ y $|A_{00}| < 0$. Así que se trata de una hipérbola como queríamos confirmar.

Finalmente, calculamos los centros de dichas hipérbolas.

$$f'_x = 0 \Rightarrow 2x + 2ay - 1 = 0 \Rightarrow a = \frac{1 - 2x}{2y}$$

$$f'_y = 0 \Rightarrow -2y + 2ax + 1 = 0 \Rightarrow a = \frac{2y - 1}{2x}$$

Igualamos y simplificamos.

$$\frac{1 - 2x}{2y} = \frac{2y - 1}{2x} \Rightarrow 2x^2 + 2y^2 - x - y = 0$$

Finalmente, completamos cuadrados para conocer qué cónica representa dicho lugar geométrico.

$$2x^2 + 2y^2 - x - y = 0 \Rightarrow 2 \cdot \left(x^2 - 2 \cdot \frac{1}{4}x + \frac{1}{16}\right) +$$

$$2 \cdot \left(y^2 - 2 \cdot \frac{1}{4}y + \frac{1}{16}\right) - \frac{1}{4} = 0$$

$$\Rightarrow \left(x - \frac{1}{4}\right)^2 + \left(y - \frac{1}{4}\right)^2 = \frac{1}{8}$$

En definitiva, se trata de una circunferencia de centro $C\left(\frac{1}{4}, \frac{1}{4}\right)$ y radio $r = \frac{\sqrt{2}}{4}$.

Problema 3 – (C. Valenciana 2015) Dados los puntos $A(a, 0), A'(-a, 0)$ y M variable sobre la recta $y = x + 1$, desde A se traza la perpendicular a la recta $A'M$ y desde A' la recta perpendicular a AM. Ambas rectas se cortan en un punto Q. Determinar el lugar geométrico de los puntos Q.

Solución: Comenzamos calculando las dos rectas que determinan el punto Q. Por un lado, el vector director de la recta $A'M$ es $\vec{v}_{A'M} = (t + a, t + 1)$ y el normal es $\vec{n}_{A'M} = (t + 1, -t - a)$. De ahí, la recta perpendicular a la recta $A'M$ que pasa por A, tendrá ecuación:

$$\frac{x - a}{t + 1} = \frac{y}{-t - a}$$

Por otro lado, el vector director de la recta AM es $\vec{v}_{AM} = (t - a, t + 1)$ y el normal es $\vec{n}_{A'M} = (t + 1, -t + a)$. Luego, la recta perpendicular a la recta AM que pasa por A', tendrá ecuación:

$$\frac{x + a}{t + 1} = \frac{y}{-t + a}$$

A continuación, resolvemos el sistema que forman dichas ecuaciones para obtener los puntos de intersección.

$$\begin{cases} -(x-a)(t+a) = y(t+1) \\ (x+a)(-t+a) = y(t+1) \end{cases} \Rightarrow (x+a)(-t+a)$$
$$= -(x-a)(t+a) \Rightarrow x = t$$

Así,

$$(t+a)(-t+a) = y(t+1) \Rightarrow y = \frac{a^2 - t^2}{t+1}$$

Por lo tanto, el lugar geométrico pedido viene dado por la ecuación

$$(x+a)(-x+a) = y(x+1) \Rightarrow x^2 + xy + y - a^2 = 0$$

Por último, clasifiquemos dicho lugar geométrico. En primer lugar, nótese que si $a = 1$ o $a = -1$, la ecuación anterior se reduce a $y = x - 1$ y se trata de una recta. Para analizar otros valores del parámetro calculamos el determinante de la matriz asociada a la cónica.

$$\begin{vmatrix} -a^2 & 0 & 1/2 \\ 0 & 1 & 1/2 \\ 1/2 & 1/2 & 0 \end{vmatrix} = -\frac{1}{4} + \frac{a^2}{4} \neq 0 \text{ si } a \neq \{-1, 1\}$$

Además, $|A_{00}| = \begin{vmatrix} 1 & 1/2 \\ 1/2 & 0 \end{vmatrix} = -\frac{1}{4} < 0$. Por lo tanto, se trata de una hipérbola.

Problema 4 – (Andalucía 2018) Dados los puntos $A(1,2)$ y $B(3,3)$, hallar la parábola que tiene el vértice en A y el foco en B.

Solución: La parábola es el lugar geométrico de los puntos que equidista de un punto fijo llamado foco y de una recta llamada directriz. En este sentido, comenzamos calculando la directriz de la misma, teniendo en cuenta que ésta es perpendicular la recta que pasa por el foco y el vértice; y pasa por el simétrico del foco respecto del vértice.

Por un lado, obtenemos el simétrico citado: $(1,2) = \left(\frac{x+3}{2}, \frac{y+3}{2}\right)$. Luego, $(x, y) = (-1,1)$. Por otro lado, el vector director de la recta que pasa por el foco y el vértice es $\vec{v} = (2,1)$. De ahí se sigue que el director de la directriz es el vector normal de la recta anterior, es decir, $\vec{n} = (1, -2)$. Por lo tanto, la ecuación de la directriz es:

$$\frac{x+1}{1} = \frac{y-1}{-2} \Longrightarrow 2x + y + 1 = 0$$

Ahora utilizamos la definición de parábola dada al principio de la solución.

$$\sqrt{(x-3)^2 + (y-3)^2} = \frac{|2x+y+1|}{\sqrt{5}}$$

Elevamos al cuadrado y simplificamos.

$$(x-3)^2 + (y-3)^2 = \frac{(2x+y+1)^2}{5}$$
$$\Longrightarrow x^2 + 4y^2 - 4xy - 34x - 32y + 89 = 0$$

Problema 5 – (Ceuta 2018) Dada la cónica $y^2 = px$ ($p \neq 0$) y el haz de rectas $y - a = t(x - b)$, hallar el lugar geométrico de los puntos en que las rectas de este haz cortan a las tangentes a la cónico en los puntos de intersección de ésta con el haz $y = tx$.

Solución: Distingamos casos en función del valor de t. Si $t = 0$, entonces el haz de rectas $y = tx$ consiste en la recta horizontal $y = 0$ y el punto de corte con la parábola es el origen, $(0,0)$. Ahora, para determinar la tangente que pasa por el origen, calculamos la polar del punto respecto a la cónica.

$$(1 \ x \ y) \cdot \begin{pmatrix} 0 & -p & 0 \\ -p & 0 & 0 \\ 0 & 0 & 1 \end{pmatrix} \cdot \begin{pmatrix} 1 \\ 0 \\ 0 \end{pmatrix} = 0 \Rightarrow -px = 0 \Rightarrow x = 0$$

De ahí, la recta tangente es la vertical $x = 0$ y al intersecar con el haz de rectas $y = a$, obtenemos un único punto, a saber, $(0, a)$.

Por otro lado, si $t \neq 0$, calculamos los puntos de intersección entre el haz $y = tx$ y la parábola resolviendo el sistema que forman sus ecuaciones.

$$\begin{cases} y^2 = 2px \\ y = tx \end{cases} \Rightarrow t^2x^2 = 2px \Rightarrow x(t^2x - 2p) = 0$$

Obtenemos así los puntos $(0,0)$ y $\left(\frac{2p}{t^2}, \frac{2p}{t}\right)$. Seguidamente, hallamos la tangente al segundo punto de manera análoga al caso anterior.

$$(1 \ x \ y) \cdot \begin{pmatrix} 0 & -p & 0 \\ -p & 0 & 0 \\ 0 & 0 & 1 \end{pmatrix} \cdot \begin{pmatrix} 1 \\ \frac{2p}{t^2} \\ \frac{2p}{t} \end{pmatrix} = 0 \Rightarrow t^2x - 2ty + 2p = 0$$

En este sentido, para el origen, la recta tangente era $x = 0$ y al intersecar con el haz de rectas $y - a = t(x - b)$, obtenemos que el lugar geométrico pedido es $(0, a - bt)$. Por otro lado, para $\left(\frac{2p}{t^2}, \frac{2p}{t}\right)$, intersecamos el haz con la tangente obtenida previamente.

$$\begin{cases} t^2x - 2ty + 2p = 0 \\ y - a = t(x - b) \end{cases} \Rightarrow t = \frac{y - a}{x - b}$$

Luego, sustituyendo en la primera ecuación,

$$\left(\frac{y-a}{x-b}\right)^2 x - 2\left(\frac{y-a}{x-b}\right) y + 2p = 0$$

Simplificamos y obtenemos el lugar geométrico pedido.

$$(y-a)^2 x - 2(x-b)(y-a)y + 2p(x-b)^2 = 0$$

Problema 6 – (Andalucía 2000) Hallar el lugar geométrico de los puntos medios de las cuerdas de la elipse

$$b^2 x^2 + a^2 y^2 = a^2 b^2$$

que son vistas desde el centro bajo un ángulo de 90°.

Solución: Dividimos por $a^2 b^2$ la ecuación de la elipse para obtener su ecuación reducida.

$$\frac{x^2}{a^2} + \frac{y^2}{b^2} = 1$$

Por lo tanto, sus ecuaciones paramétricas son $\begin{cases} x = a\cos t \\ y = b\,\text{sen}\,t \end{cases}$, con $t \in \mathbb{R}$.

Ahora, denotemos por P y Q los extremos de la cuerda. Al ser puntos sobre la elipse que se ven desde el centro bajo un ángulo de 90°, sus coordenadas serán las siguientes:

$$\begin{cases} P = (a\cos t, b\,\text{sen}\,t) \\ Q = \left(a\cos\left(t+\frac{\pi}{2}\right), b\,\text{sen}\left(t+\frac{\pi}{2}\right)\right) = (-b\,\text{sen}\,t, a\cos t) \end{cases}$$

Luego el punto medio de la cuerda será

$$M = \left(\frac{a\cos t - b\,\text{sen}\,t}{2}, \frac{b\,\text{sen}\,t + a\cos t}{2}\right)$$

Por consiguiente, las ecuaciones paramétricas del lugar geométrico pedido son

$$\begin{cases} x = \dfrac{a}{2}(\cos t - \sen t) \\ y = \dfrac{a}{2}(\cos t + \sen t) \end{cases}$$

Por último, elevamos al cuadrado ambas ecuaciones e igualamos para poder describir el lugar geométrico con precisión.

$$\begin{cases} x^2 = \dfrac{a^2}{4}(1 - 2\sen t \cos t) \\ y^2 = \dfrac{b^2}{4}(1 + 2\sen t \cos t) \end{cases} \Rightarrow \begin{cases} 1 - \dfrac{4x^2}{a^2} = 2\sen t \cos t \\ \dfrac{4y^2}{b^2} - 1 = 2\sen t \cos t \end{cases}$$

$$1 - \dfrac{4x^2}{a^2} = \dfrac{4y^2}{b^2} - 1 \Rightarrow \dfrac{2x^2}{a^2} + \dfrac{2y^2}{b^2} = 1$$

En definitiva, se trata de una elipse de semiejes $\dfrac{a}{\sqrt{2}}$ y $\dfrac{b}{\sqrt{2}}$.

Problema 7 – Sea $x^2 + y^2 = 4$. Hallar la envolvente de las circunferencias cuyos centros están dicha curva y radio la mitad.

Solución: Denotemos por (a, b) a los centros de las circunferencias que están en la curva dada. En este sentido, por un lado, las ecuaciones de dichas circunferencias serán de la forma $(x - a)^2 + (y - b)^2 = 1$. Por otro lado, el centro verifica la condición $a^2 + b^2 = 4$.

En este caso, donde la familia de curvas depende de dos parámetros a, b, la ecuación de la envolvente es la solución del siguiente sistema:

$$\begin{cases} f(x, y, a, b) = 0 \\ \begin{vmatrix} \dfrac{\partial f}{\partial a} & \dfrac{\partial f}{\partial b} \\ \dfrac{\partial g}{\partial a} & \dfrac{\partial g}{\partial b} \end{vmatrix} = 0 \end{cases}$$

donde $f(x, y, a, b) = 0$ es la familia de curvas y $g(a, b) = 0$ es la condición.

Comenzamos calculando el Jacobiano del sistema.

$$\begin{vmatrix} \dfrac{\partial f}{\partial a} & \dfrac{\partial f}{\partial b} \\ \dfrac{\partial g}{\partial a} & \dfrac{\partial g}{\partial b} \end{vmatrix} = 0 \Longrightarrow \begin{vmatrix} -2(x-a) & -2(y-b) \\ 2a & 2b \end{vmatrix} = 0$$

$$\Longrightarrow -xb + ay = 0 \Longrightarrow a = \frac{xb}{y}$$

Sustituimos en la condición.

$$\frac{x^2 b^2}{y^2} + b^2 = 4 \Longrightarrow x^2 b^2 + y^2 b^2 = 4y^2 \Longrightarrow b = \frac{2y}{\sqrt{x^2 + y^2}}$$

y, por ende, $a = \dfrac{2x}{\sqrt{x^2+y^2}}$.

Ahora, sustituimos los parámetros obtenidos en la ecuación que describe la familia de curvas.

$$\left(x - \frac{2x}{\sqrt{x^2+y^2}}\right)^2 + \left(y - \frac{2y}{\sqrt{x^2+y^2}}\right)^2 = 1$$

$$\frac{x^2}{x^2+y^2}\left(\sqrt{x^2+y^2} - 2\right)^2 + \frac{y^2}{x^2+y^2}\left(\sqrt{x^2+y^2} - 2\right)^2 = 1$$

$$x^2\left(x^2+y^2 - 4\sqrt{x^2+y^2} + 4\right)$$
$$+ y^2\left(x^2+y^2 - 4\sqrt{x^2+y^2} + 4\right) = x^2 + y^2$$

$$\left(x^2+y^2 - 4\sqrt{x^2+y^2} + 4\right)(x^2+y^2) = x^2 + y^2$$

$$\left(\sqrt{x^2+y^2} - 2\right)^2 = 1 \Longrightarrow \begin{cases} \sqrt{x^2+y^2} = 3 \\ \sqrt{x^2+y^2} = 1 \end{cases} \Longrightarrow \begin{cases} x^2+y^2 = 9 \\ x^2+y^2 = 1 \end{cases}$$

En definitiva, las envolventes son dos circunferencias centradas en el origen y radios 1 y 3 respectivamente.

Problemas propuestos:

Propuesto 1 – Clasifica la cónica $x^2 + 4y^2 + 4xy + 2x + 4y + 1 = 0$.

Propuesto 2 – Hallar el lugar geométrico de los centros de las hipérbolas equiláteras circunscritas al triángulo de vértices $(0,0), (1,0)$ y $(0,2)$.

Propuesto 3 – **(Castilla y León 2015)** En el espacio afín euclídeo usual $\mathbb{R}^3$ se consideran la circunferencia C y la recta r siguientes:

$$C: \begin{cases} x^2 + y^2 = 1 \\ z = 0 \end{cases}; \quad r: \begin{cases} y = 0 \\ z = 1 \end{cases}$$

Hallar el lugar geométrico que determinan las rectas que se apoyan en la circunferencia C y en la recta r y son paralelas al plano $x = 0$.

Propuesto 4 – Determina la ecuación de la elipse con un vértice en $(-1,1)$, centro en $(3,-1)$ y excentricidad $\frac{1}{2}$.

Propuesto 5 – Halla las tangentes a la cónica $3y^2 - 4x + 2y + 3 = 0$ trazadas desde el punto $(1,1)$.

Propuesto 6 – Determina el lugar geométrico de los puntos tales que sus polares respecto a las cónicas $y^2 - 2kx + k^2 = 0$ con $k \neq 0$ pasen por el punto $(1,-1)$ y sean paralelas a la recta $y = 2x$.

Propuesto 7 – **(Galicia 2019)** Hallar la envolvente de los círculos que tienen sus centros sobre la parábola $y^2 = 2px$, y que pasan por el vértice de dicha parábola.

BLOQUE 5 – Estadística y probabilidad

Probabilidad

Problema 1 – (Andalucía 1987) Tres jugadores A, B y C lanzan una moneda homogénea al aire y, en ese orden, continúan el juego hasta que uno de ellos consiga obtener cruz. ¿Cuál es la probabilidad de ganar que tiene cada uno de los jugadores?

Solución: El jugador A gana si obtiene una cruz en el primer lanzamiento; o si los tres primeros son caras y al cuarto sale la cruz; o si los seis primeros son caras y al séptimo obtiene cruz, etc. De ahí,

$$P(A) = \frac{1}{2} + \left(\frac{1}{2}\right)^3 \cdot \frac{1}{2} + \left(\frac{1}{2}\right)^3 \cdot \left(\frac{1}{2}\right)^3 \cdot \frac{1}{2} + \cdots = \frac{1}{2} \cdot \sum_{n=0}^{+\infty} \left(\frac{1}{2}\right)^{3n}$$
$$= \frac{1}{2} \cdot \frac{8}{7} = \frac{4}{7}$$

Ahora, para el jugador B, el razonamiento es análogo, sólo que el primer caso tendría que ser una cara en el primer lanzamiento y cruz en el segundo. Luego,

$$P(B) = \left(\frac{1}{2}\right)^2 + \left(\frac{1}{2}\right)^3 \cdot \left(\frac{1}{2}\right)^2 + \left(\frac{1}{2}\right)^3 \cdot \left(\frac{1}{2}\right)^3 \cdot \left(\frac{1}{2}\right)^2 + \cdots$$
$$= \frac{1}{4} \cdot \sum_{n=0}^{+\infty} \left(\frac{1}{2}\right)^{3n} = \frac{1}{4} \cdot \frac{8}{7} = \frac{2}{7}$$

Por último, C gana si los dos primeros lanzamientos son caras y el tercero cruz; o los cinco primeros cara y el sexto cruz, etc.

$$P(C) = \left(\frac{1}{2}\right)^3 + \left(\frac{1}{2}\right)^3 \cdot \left(\frac{1}{2}\right)^3 + \left(\frac{1}{2}\right)^3 \cdot \left(\frac{1}{2}\right)^3 \cdot \left(\frac{1}{2}\right)^3 + \cdots$$
$$= \frac{1}{8} \cdot \sum_{n=0}^{+\infty} \left(\frac{1}{2}\right)^{3n} = \frac{1}{4} \cdot \frac{8}{7} = \frac{1}{7}$$

En los cálculos de las probabilidades, hemos obtenido $\sum_{n=0}^{+\infty} \left(\frac{1}{2}\right)^{3n}$ teniendo en cuenta que es la suma de todos los términos de una progresión geométrica con $a_1 = 1$ y $r = \frac{1}{8}$. De ahí, $\sum_{n=0}^{+\infty} \left(\frac{1}{2}\right)^{3n} = \frac{1}{1-\frac{1}{8}} = \frac{8}{7}$.

Problema 2 – (Galicia 1996) Dos personas deben llamar a un mismo teléfono entre las 4 y las 5 para mantener una conversación de 5 minutos. Suponiendo que ambos pueden llamar en cualquier momento entre las 4 y las 5. Hallar la probabilidad de que cuando uno llame, el teléfono comunique por estar hablando el otro.

Solución: Este problema se trata de uno de probabilidad geométrica. Denotemos por x al instante en el que llama una de las personas y por y al de la otra. En este sentido, el teléfono comunicará si la diferencia entre las variables es menor de 5 minutos, es decir, si $|y - x| < 5$. Representamos dicha región en el plano.

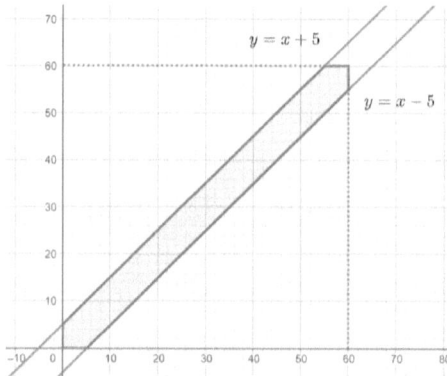

Ahora aplicamos la Regla de Laplace para obtener la probabilidad pedida. Nótese que los casos favorables y posibles vienen dados por las áreas de la representación geométrica del problema. En el caso de los casos favorables, dicha área es la del cuadrado de lado 60 (tiempo en el que pueden llamar). Por otro lado, los casos favorables se obtienen a partir del área de la región azul. Para obtenerla le restamos al área total los dos triángulos de lado 55 no coloreados. En definitiva,

$$P = \frac{60^2 - \frac{55^2}{2} \cdot 2}{60^2} = \frac{575}{3600} = 0.16$$

Problema 3 – (C. Valenciana 2004) Desde el punto medio de un lado de un rectángulo, se traza un segmento hasta el punto medio del lado contiguo. Desde el punto medio del segmento anterior, se traza otro segmento hasta el vértice opuesto. Se pinta de rojo el 30% del triángulo rectángulo y el 20% de cada cuadrilátero que origina este último segmento.

a) ¿Cuál es la probabilidad de que al lanzar un dardo caiga en la zona roja?
b) Un dardo ha caído en la zona roja. ¿Cuál es la probabilidad de que esté dentro del triángulo?

Solución: Este problema es otro ejemplo de probabilidad geométrica.

a) Denotemos por x a la longitud de la base del rectángulo y por y a la longitud de su altura. De esta forma, el área total del rectángulo es $x \cdot y$; y el área del triángulo es $\frac{\frac{x}{2} \cdot \frac{y}{2}}{2} = \frac{x \cdot y}{8}$. Por otro lado, el área de los cuadriláteros será la diferencia de las áreas anteriores, a saber, $x \cdot y - \frac{x \cdot y}{8} = \frac{7xy}{8}$.

En este sentido, teniendo en cuenta los porcentajes de las regiones pintadas de rojo, la probabilidad pedida es:

$$P(R) = \frac{0.3 \cdot \frac{xy}{8} + 0.2 \cdot \frac{7xy}{8}}{xy} = 0.2125$$

b) Por último, calculamos la probabilidad condicionada denotando por T al suceso consistente en *caer en el triángulo*:

$$P(T/R) = \frac{P(T \cap R)}{P(R)} = \frac{0.3 \cdot \frac{xy}{8}}{\frac{xy}{0.2125}} = 0.1764$$

Problema 4 – (Extremadura 1994) Dos enemigos A y B, van a participar en un duelo de pistola. Cada uno tiene una sola bala en la recámara. Si el que dispara primero acierta, su oponente muere en el acto y es incapaz de devolver el disparo. A es *rápido en sacar*, y tiene una probabilidad de 0.6 de disparar primero. Sin embargo, no tiene buena puntería y la probabilidad de matar a su oponente es de 0.4 cuando dispare, mientras que B tiene una probabilidad de 0.5 de matar a su oponente cuando dispare. Calcular:

a) La probabilidad de que ambos sobrevivan al duelo.
b) La probabilidad de que A sobreviva.
c) La probabilidad de que A *haya sacado* primero, dado que ha sobrevivido.
d) La probabilidad de que el hombre que saque primero sobreviva.

Solución: Comencemos identificando los sucesos involucrados en el problema. Denotamos por $A = $ 'Saca primero A'; $M_A = $ 'A mata a B'; $F_A = $ 'A falla'; y $S_A = $ 'A sobrevive'. Análogamente definimos los sucesos para B. Atendiendo esta notación, procedemos a calcular las probabilidades pedidas.

a) Calculamos la probabilidad de que ambos sobrevivan:

$$P(S_A \cap S_B) = P(A) \cdot P(F_A) \cdot P(F_B) + P(B) \cdot P(F_B) \cdot P(F_A)$$

$$= 0.6 \cdot 0.6 \cdot 0.5 + 0.4 \cdot 0.5 \cdot 0.6 = 0.3$$

b) Hallamos la probabilidad de que A sobreviva:

$$P(S_A) = P(A) \cdot P(M_A) + P(A) \cdot P(F_A) \cdot P(F_B) + P(B) \cdot P(F_B)$$

$$= 0.6 \cdot 0.4 + 0.6 \cdot 0.6 \cdot 0.5 + 0.4 \cdot 0.5 = 0.62$$

c) Obtenemos la probabilidad de que A saque primero condicionada a que ha sobrevivido:

$$P(A/S_A) = \frac{P(A \cap S_A)}{P(S_A)} = \frac{P(A) \cdot P(M_A) + P(A) \cdot P(F_A) \cdot P(F_B)}{P(S_A)}$$

$$= \frac{0.6 \cdot 0.4 + 0.6 \cdot 0.6 \cdot 0.5}{0.62} = 0.68$$

d) Calculamos la probabilidad de que quién dispare primero sobreviva, es decir, $P(A \cap S_A) + P(B \cap S_B)$:

$$P(A) \cdot P(M_A) + P(A) \cdot P(F_A) \cdot P(F_B) + P(B) \cdot P(M_B) + (B) \cdot P(F_B) \cdot P(F_A) =$$

$$= 0.6 \cdot 0.4 + 0.6 \cdot 0.6 \cdot 0.5 + 0.4 \cdot 0.5 + 0.4 \cdot 0.5 \cdot 0.6 = 0.74$$

Problema 5 – (C. Valenciana 2019) En el sorteo de la primitiva se juega con 49 números. Se eligen 7, dónde 6 de ellos son la combinación ganadora y 1 es el reintegro. Se permite hacer apuestas múltiples de r números. Calcular.

a) La probabilidad de tener 5 números de la combinación ganadora habiendo realizado una apuesta múltiple de 10 números.

b) La probabilidad de tener k números de la combinación ganadora con una apuesta de r números.

c) La probabilidad de tener k números de la combinación ganadora y el reintegro con una apuesta de r números.

Solución: a) En primer lugar, calculamos el número de casos posibles para la combinación ganadora. Nótese que de 49 números, se extraen 6 sin importar el orden de extracción. De ahí que la cantidad de casos posibles sean las combinaciones de 49 elementos tomados de seis en seis, i.e., $\binom{49}{6}$. Por otro lado, para los casos favorables, tenemos que elegir cinco números de los 10 que hemos seleccionado en la apuesta, $\binom{10}{5}$, y de los 39 números restantes, extraeremos el que falta para completar la combinación ganadora, $\binom{39}{1}$. Así,

$$P = \frac{\binom{10}{5} \cdot \binom{39}{1}}{\binom{49}{6}} = 7.03 \cdot 10^{-4}$$

b) Procedemos de manera análoga al caso anterior, pero para números arbitrarios, k y r. Únicamente matizamos que dichos números deben verificar $0 \leq k \leq r \leq 49$.

$$P = \frac{\binom{r}{k} \cdot \binom{49-r}{6-k}}{\binom{49}{6}}$$

c) Ahora, al caso anterior le añadimos el acierto del reintegro. Por un lado, para los casos posibles, como hemos extraído seis números para la combinación ganadora, quedan 43 números para extraer el reintegro. De ahí que los casos posibles sean $\binom{43}{1}$. Por otro lado, para los casos favorables, queremos que de los $r - k$ números que no hemos acertado en la combinación ganadora, salga uno para el reintegro, es decir, tenemos $\binom{r-k}{1}$ posibilidades. En este sentido, la probabilidad viene dada por:

$$P = \frac{\binom{r}{k} \cdot \binom{49-r}{6-k}}{\binom{49}{6}} \cdot \frac{\binom{r-k}{1}}{\binom{43}{1}} = \frac{\binom{r}{k} \cdot \binom{49-r}{6-k}}{\binom{49}{6}} \cdot \frac{r-k}{43}$$

Problema 6 – (Andalucía 2006) Se consideran los alumnos de bachillerato de un instituto que pertenecen a tres barrios, el 20% de ellos al barrio A, el 30% de ellos al barrio B y el resto al barrio C. Se sabe, además, que el 80% de los alumnos del barrio A estudian primer curso y el resto segundo, que el 50% de los alumnos el barrio B estudian primer curso y el resto segundo y que el 60% de los alumnos del barrio C estudian primer curso y el resto segundo.

a) Si se elige un alumno de bachillerato al azar en ese instituto, ¿cuál es la probabilidad de que estudie segundo curso?

b) Si se ha elegido un alumno de bachillerato en ese instituto y se sabe que estudia primero, ¿cuál es la probabilidad de que sea del barrio B?

Solución: a) Aplicamos el Teorema de la Probabilidad Total.

$$P(2º) = P(A) \cdot P(2º/A) + P(B) \cdot P(2º/B) + P(C) \cdot P(2º/C)$$

$$= \frac{20}{100} \cdot \frac{20}{100} + \frac{30}{100} \cdot \frac{50}{100} + \frac{50}{100} \cdot \frac{40}{100} = \frac{39}{100}$$

b) Ahora, aplicamos el Teorema de Bayes.

$$P(B/1º) = \frac{P(B \cap 1º)}{P(1º)} = \frac{P(B) \cdot P(1º/B)}{1 - P(2º)} = \frac{\frac{30}{100} \cdot \frac{50}{100}}{1 - \frac{39}{100}} = \frac{15}{61}$$

Problema 7 – (Aragón 2014) Si de una urna que solo contiene bolas blancas y bolas negras idénticas salvo en el color, extraemos dos bolas sin reemplazamiento, la probabilidad de que ambas sean blancas es $\frac{1}{2}$.

a) Determine el número mínimo de bolas que contiene esta urna.

b) Determine el número mínimo de bolas que contiene la urna si el número de bolas negras es par.

Solución: a) Sea b el número de bolas blancas y n el de bolas negras que hay en la urna. Si extraemos dos bolas sin reemplazamiento, la probabilidad de obtener dos bolas blancas será

$$P(BB) = \frac{\binom{b}{2}}{\binom{b+n}{2}}$$

Pues para los casos posibles extraemos dos bolas del total y para los favorables, dos bolas blancas.

Ahora, teniendo en cuenta que $P(BB) = \frac{1}{2}$, podemos desarrollar la igualdad anterior como sigue:

$$\frac{1}{2} = \frac{\frac{b!}{2!\,(b-2)!}}{\frac{(b+n)!}{2!\,(b+n-2)!}} = \frac{b(b-1)}{(b+n)(b+n-1)}$$

Multiplicamos en cruz y obtenemos la ecuación de segundo grado: $b^2 - (1+2n)b - n^2 + n = 0$. Resolvámosla:

$$b = \frac{1 + 2n \pm \sqrt{(1+2n)^2 - 4(-n^2+n)}}{2}$$
$$= \frac{1 + 2n \pm \sqrt{8n^2 + 1}}{2}$$

Ahora bien, como $b \in \mathbb{N}$, se sigue que $8n^2 + 1$ debe ser un cuadrado perfecto. Luego, $8n^2 + 1 = k^2$, con $k \in \mathbb{Z}$. Para obtener la solución mínimo, es suficiente con considerar $n = 1$, lo que implica que $b = 3$. Por lo tanto, la solución son 3 bolas blancas y 1 negra.

b) A continuación, exigimos que el número de bolas negras sea par, es decir, $n = 2p$ con $p \in \mathbb{N}$. De esta forma, la ecuación $8n^2 + 1 = k^2$ del apartado anterior se reduce a $32p^2 + 1 = k^2$, cuya solución mínima se obtiene para $p = 3$. Así, $n = 6$ y $b = 15$.

Problemas propuestos:

Propuesto 1 – Dos amigos se citan entre las seis y las siete de la tarde, pero ninguno de los dos esperará al otro más de diez minutos. Hallas la probabilidad de que el encuentro tenga lugar.

Propuesto 2 – **(Andalucía 2000)** En una circunferencia, se eligen tres puntos al azar. Calcular la probabilidad de que los tres puntos estén situados en un mismo arco de $90°$.

Propuesto 3 – (Castilla y León 2004) Tres personas A, B y C, lanzan sucesivamente, en el orden A, B, C, un dado. La primera persona que saque un seis gana.

    a) ¿Cuáles son sus respectivas probabilidades de ganar?
    b) Calcular la probabilidad de que el juego termine en el décimo lanzamiento y de que la persona C saque siempre la misma suma de lo que acaban de sacar los jugadores A y B en las tiradas inmediatamente anteriores.

Propuesto 4 – (Cataluña 1998) A y B realizan el siguiente juego: tiran un dado y A gana la tirada si sale un 1 o un 2 y B gana en los demás casos. Se ponen de acuerdo en que ganará el juego el primero que gane dos tiradas consecutivas. Calcular la probabilidad que tiene cada uno de ellos de ganar el juego.

Propuesto 5 – (Galicia 2000) Se realiza un juego entre dos jugadores, A y B, que ganará aquél que gane dos partidas. La probabilidad de que el jugador A gane una partida es p, la probabilidad de que el jugador B gane una partida es q y la probabilidad de que una partida termine en tablas es r. Calcular la probabilidad de que el jugador A gane el juego.

Propuesto 6 – (Madrid 2008) Con dados de $1\ cm$ de arista, se construye un cubo sólido de $4\ cm$ y se pinta de negro toda la superficie. Se deshace el cubo y, cogiendo los dados al azar sin mirarlo, se construye de nuevo. Calcular la probabilidad de que el nuevo cubo figure, al menos, una cara blanca.

Propuesto 7 – (Castilla La Mancha 2006) Un cajón contiene calcetines sueltos, blancos y negros. Si se extraen dos calcetines al azar, la probabilidad de que ambos sean blancos es $\frac{1}{2}$. Se pide:

    a) Determinar el número mínimo de calcetines que contiene el cajón.
    b) Determinar el número mínimo de calcetines que contiene el cajón si el número de calcetines negros es par.

Variables aleatorias discretas

Problema 1 – (Aragón 2004) Un gerente sólo da plazas de restaurante mediante reserva de mesa. Sabe que el 15% de las reservas no asistirá. Si el restaurante acepta 25 reservas, pero sólo dispone de 20 mesas, calcular la probabilidad de que:

a) Dos reservas se queden sin mesa.
b) Se ajustan las reservas a las mesas.
c) No hay más reservas que mesas.

Solución: Llamamos X a la variable aleatoria discreta que representa el número de reservas que no asistirán al restaurante. Así, como el 15% de las reservas no asistirá, tenemos que X sigue una distribución binomial, $X \sim Bi(25, 0.15)$.

a) Dos reservas se quedan sin mesa si fallan tres reservas.
$$P(X = 3) = \binom{25}{3} 0.15^3 0.85^{22}$$

b) Las reservas se ajustan a las mesas si fallan cinco.
$$P(X = 5) = \binom{25}{5} 0.15^5 0.85^{20}$$

c) Si no hay más reservas que mesa, significa que han fallado más de cinco reservas.
$$P(X \geq 5) = 1 - P(X \leq 4)$$
$$= 1 - \sum_{i=0}^{4} \binom{25}{i} 0.15^i 0.85^{25-i}$$

Problema 2 – (Asturias 2018) Sea X una variable con función de probabilidad

$$f(x) = \begin{cases} kx, & x \in \{1, 2, \dots, n\} \\ 0, & x \notin \{1, 2, \dots, n\} \end{cases}$$

a) Calcular el valor de k y la función de distribución.
b) Calcular la probabilidad de que X sea un número par.

Solución: a) Determinamos el valor del parámetro utilizando que $\sum_{x=1}^{n} kx = 1$. En este sentido,

$$k \cdot \sum_{x=1}^{n} x = 1 \Rightarrow k \cdot \frac{(n+1) \cdot n}{2} = 1 \Rightarrow k = \frac{2}{n(n+1)}$$

Considerando dicho valor, obtenemos la función de distribución.

$$F(x) = \begin{cases} 0; & x < 1 \\ \dfrac{2}{n(n+1)}; & 1 \leq x < 2 \\ \dfrac{6}{n(n+1)}; & 2 \leq x < 3 \\ \cdots \\ \dfrac{n-1}{n+1}; & n-1 \leq x < n \\ 1; & x > n \end{cases}$$

b) Distinguimos casos en función de que n sea par o impar.

✓ Si $n = 2m$:

$$P(X \, par) = P(2) + P(4) + \cdots + P(2m)$$

$$= 2 \cdot \frac{2}{n(n+1)} + 4 \cdot \frac{2}{n(n+1)} + \cdots + 2m \cdot \frac{2}{n(n+1)}$$

$$= 2 \cdot \frac{2}{n(n+1)} \cdot (1 + 2 + \cdots + m) = 2 \cdot \frac{2}{n(n+1)} \cdot \frac{(1+m)m}{2}$$

Simplificando y sustituyendo $n = 2m$, se sigue que:

$$P(X \, par) = 2 \cdot \frac{m(m+1)}{2m(2m+1)} = \frac{m+1}{2m+1}$$

✓ Si $n = 2m + 1$, obtenemos la probabilidad aprovechando los cálculos anteriores.

$$P(X \text{ par}) = \frac{2(1+m)m}{(n+1)} = \frac{2m(m+1)}{(2m+1)(2m+2)} = \frac{m}{2m+1}$$

Problema 3 – (C. Valenciana 2010) Sean a y b dos números naturales distintos de 0, sea X variable aleatoria discreta con valores enteros estrictamente positivos de manera que

$$P(X = x) = \begin{cases} \dfrac{1}{a} - \dfrac{1}{b}, & 1 \leq x \leq a \cdot b \\ 0, & x > a \cdot b \end{cases}$$

a) ¿Qué condiciones debe satisfacer a y b para que sea una función de probabilidad de X?
b) Determinar la función $F(X)$ de distribución. ¿Cuáles son las soluciones de la ecuación $F(X) = \frac{1}{2}$?
c) Calcular la esperanza de X, calcular además los valores de a y b para que $E(X) = \frac{7}{2}$.

Solución: a) Para ser función de probabilidad han de verificarse dos condiciones. Por un lado, $P(X = x) \geq 0$ para todo $x \in \mathbb{N}$. De ahí, $\frac{1}{a} - \frac{1}{b} \geq 0$, lo que implica que $b \geq a$. Por otro lado, la suma de todas las probabilidades debe ser uno. Luego,

$$\sum_{i=1}^{ab} \frac{1}{a} - \frac{1}{b} = 1 \Rightarrow ab\left(\frac{b-a}{ab}\right) = 1 \Rightarrow b - a = 1$$

En conclusión, será una función de probabilidad si a y b son dos números naturales consecutivos.

b) Comenzamos obteniendo la función de distribución:

$$F(x) = \begin{cases} 0; & x < 1 \\ \dfrac{1}{a} - \dfrac{1}{b}; & 1 \leq x < 2 \\ \dfrac{2}{a} - \dfrac{2}{b}; & 2 \leq x < 3 \\ \quad \cdots \\ \dfrac{ab-1}{a} - \dfrac{ab-1}{b}; & ab-1 \leq x < ab \\ 1; & x \geq ab \end{cases}$$

A continuación, resolvemos la ecuación $F(x) = \frac{1}{2}$:

$$n\left(\frac{1}{a} - \frac{1}{b}\right) = \frac{1}{2} \Longrightarrow n = \frac{ab}{2(b-a)}$$

Ahora bien, recordemos que a y b son dos números consecutivos, es decir, $b - a = 1$. De ahí, $n = \frac{ab}{2}$. Nótese que ab es par por ser a y b consecutivos. Luego, $n = \frac{ab}{2} \in \mathbb{N}$ y la solución de la ecuación son los números reales pertenecientes al siguiente intervalo: $x \in \left[\frac{ab}{2}, \frac{ab}{2} + 1\right)$.

c) Calculemos la esperanza de X:

$$E(X) = \sum_{i=1}^{ab} x_i P(X = x_i) = \sum_{i=1}^{ab} i \cdot \left(\frac{1}{a} - \frac{1}{b}\right) = ab\left(\frac{1}{a} - \frac{1}{b}\right) \cdot \sum_{i=1}^{ab} i$$

$$= \frac{1}{ab}(1 + 2 + \cdots + ab) = \frac{(ab+1) \cdot ab}{2ab} = \frac{ab+1}{2}$$

Por último, resolvemos la ecuación $E(X) = \frac{7}{2}$:

$$\frac{ab+1}{2} = \frac{7}{2} \Longrightarrow ab = 6$$

Teniendo en cuenta que a y b son dos números naturales consecutivos, se sigue que $a = 2$ y $b = 3$.

Problema 4 – (Asturias 2006) Los números $1, 2, 3, \dots, n$ se escriben alineados, en su totalidad, colocándolos aleatoriamente:

a) Hallar la probabilidad de que ninguno de ellos coincida con el número de orden del lugar que ocupa.

b) Estudiar la tendencia de esta probabilidad al aumentar n indefinidamente.

Solución: a) Denotemos por X a la variable aleatoria discreta que representa la cantidad de números que coinciden con el número de orden del lugar que ocupan. Nótese que la probabilidad de que en una determinada posición se encuentre el número correcto es $\frac{1}{n}$. En este sentido, la variable X sigue una distribución binomial de parámetros n y $\frac{1}{n}$, i.e., $X \sim Bi\left(n, \frac{1}{n}\right)$.

Por consiguiente, nos piden calcular $P(X = 0)$. Esto es,

$$P(X = 0) = \binom{n}{0} \cdot \left(\frac{1}{n}\right)^0 \cdot \left(\frac{n-1}{n}\right)^n = \left(\frac{n-1}{n}\right)^n$$

b) Calculamos el siguiente límite:

$$\lim_{n \to +\infty} \left(\frac{n-1}{n}\right)^n = \lim_{n \to +\infty} \left(1 - \frac{1}{n}\right)^n = e^{-1}$$

Problema 5 – El número de coches que atraviesan cada día una zona de velocidad controlada por radar sigue una Poisson de parámetro λ. Si la probabilidad de que un coche no respete el límite fijado es p, se pide:

a) La distribución del número de infracciones diarias detectadas por el radar.

b) Si el radar detectó r infracciones, ¿cuál es la distribución del número de vehículos que han atravesado la zona controlada? ¿Cuál es su media?

Solución: a) Sea X la variable aleatoria discreta que representa el número de coches que atraviesa cada día el radar, donde $X \sim Po(\lambda)$. Por otro lado, sabemos que los coches que no respetan el límite fijado sigue una distribución binomial, $Bi(N,p)$, donde N es el número de vehículos que pasan por el radar.

Sea Y la variable aleatoria que denota el número de infracciones detectadas. Obtengamos su distribución:

$$P(Y=n) = \sum_{N=n}^{+\infty} P(N \text{ vehículos}) \cdot P(n \text{ infracciones}|N \text{ vehículos})$$

En primer lugar, destacar que empezamos en $N=n$, pues no puede haber más infracciones que vehículos. En segundo lugar, nótese que la primera probabilidad, $P(N)$, se corresponde a la variable X, pues N es el número de vehículos que pasan por el radar. Por otro lado, $P(n|N)$ se rige por la distribución $Bi(N,p)$, pues n es el número de infracciones detectadas. Luego,

$$P(Y=n) = \sum_{N=n}^{+\infty} \frac{e^{-\lambda}\lambda^N}{N!} \cdot \binom{N}{n} p^n (1-p)^{N-n}$$

$$= e^{-\lambda} p^n \sum_{N=n}^{+\infty} \frac{\lambda^N}{N!} \cdot \frac{N!}{n!(N-n)!} (1-p)^{N-n}$$

$$= \frac{e^{-\lambda}\lambda^n p^n}{n!} \sum_{N=n}^{+\infty} \frac{\lambda^{N-n}(1-p)^{N-n}}{(N-n)!}$$

$$= \frac{e^{-\lambda}\lambda^n p^n}{n!} e^{\lambda(1-p)} = \frac{e^{-\lambda p}(\lambda p)^n}{n!}$$

Por lo tanto, el número de infracciones diarias detectadas sigue una distribución de Poisson de parámetro λp.

b) En este caso, tenemos que calcular $P(N|r \text{ infracciones})$

$$P(N|r) = \frac{P(N \cap r)}{P(r)} = \frac{P(N) \cdot P(r|N)}{\frac{e^{-\lambda p}(\lambda p)^r}{r!}}$$

$$= \frac{\frac{e^{-\lambda}\lambda^N}{N!}\binom{N}{r}p^r(1-p)^{N-r}}{\frac{e^{-\lambda p}(\lambda p)^r}{r!}} = \frac{e^{-\lambda(1-p)}(\lambda(1-p))^{N-r}}{(N-r)!}$$

Por consiguiente, la distribución del número de vehículos que han atravesado la zona controlada, condicionado a que el radar detectó r infracciones, es una Poisson de parámetro $\lambda(1-p)$. Ahora bien, como el origen está en r infracciones, la esperanza será $\lambda(1-p)+r$.

Problema 6 – Una familia decide tener hijos hasta que tengan su primera niña y ya no tener más. Sea X el número total de hijos (niños y niñas) en dicha familia. Suponiendo que $P(niño) = P(niña) = \frac{1}{2}$, calcular:

a) $P(X=3)$.
b) $P(X>3)$.
c) Número esperado de hijos.
d) Si cien familias siguen esta misma política y al final hay cien niñas (una por familia), ¿cuál será el número esperado de niños?

Solución: Definimos la variable aleatoria Y que representa la cantidad de niños en la familia. De esta manera, $X = Y+1$ y se verifica que $Y \sim Geo\left(\frac{1}{2}\right)$.

a) $P(X=3) = P(Y=2) = \frac{1}{2} \cdot \left(\frac{1}{2}\right)^2 = \frac{1}{8}$.

b) $P(X>3) = P(Y>2) = \sum_{y=3}^{+\infty} \frac{1}{2} \cdot \left(\frac{1}{2}\right)^y = \frac{\frac{1}{2} \cdot \left(\frac{1}{2}\right)^3}{1-\frac{1}{2}} = \frac{1}{8}$.

c) $E(X) = E(Y+1) = E(Y) + 1 = \frac{1/2}{1/2} + 1 = 2$.

d) Denotemos por Y_i a la variable que representa el número de niños en la familia i.

$$E\left(\sum_{n=1}^{100} X_i\right) = \sum_{n=1}^{100} E(X_i) = 100 E(X) = 100$$

Problema 7 – Un punto se sitúa inicialmente en el cero. Se lanza un dado, si el valor no es un seis, el punto se mueve una unidad hacia la derecha, y si es un seis, se mueve tres unidades hacia la izquierda. Si se lanza el dado cuatro veces y la variable aleatoria X indica la posición final del punto, calcular:

a) $P(X = 0)$.
b) La esperanza de X.

Solución: Denotemos por Y a la variable aleatoria que representa el número de resultados distintos de seis. Por un lado, nótese que $Y \sim Bi\left(n = 4, p = \frac{5}{6}\right)$; y por otro, que podemos relacionar las variables como $X = Y - 3(4 - Y) = 4Y - 12$.

a) $P(X = 0) = P(4Y - 12 = 0) = P(Y = 3) = \binom{4}{3} \cdot \left(\frac{5}{6}\right)^3 \cdot \left(\frac{1}{6}\right) = \frac{125}{324}$.

b) $E(X) = E(4Y - 12) = 4 \cdot E(Y) - 12 = 4 \cdot n \cdot p - 12 = \frac{40}{3} - 12 = \frac{4}{3}$.

Problemas propuestos:

Propuesto 1 – **(País Vasco 2016)** En una bolsa se desean introducir bolas blancas y negras. Se lanza una moneda al aire cinco veces y se meten tantas bolas blancas como caras hayan salido y tantas negras como cruces. Si se extrae una bola y es negra, ¿cuál es la probabilidad de que en la bolsa hubiera tres bolas blancas y dos negras antes de la extracción?

Propuesto 2 – Considera un juego que consiste en lanzar repetidamente una moneda hasta conseguir que el resultado sea cara. Cada vez que obtienes el resultado cruz colocas una ficha de color blanco en una urna, pero si el resultado es cara, además de acabarse el juego, añades una ficha negra a la urna. De esa forma, cuando finaliza el juego, el número de fichas en la urna es igual al número de lanzamientos realizados. A continuación, se elige al azar una ficha de la urna. Si es blanca ganas 100 euros, pero si es la negra pierdes 100 euros. Comprueba que la probabilidad de ganar es $1 - \ln 2 \approx 0.3069$.

Propuesto 3 – Supongamos que el motor de un avión falla en vuelo con una probabilidad $1 - p$. Supongamos que los distintos motores de un avión fallan independientemente de los demás. El avión completará el vuelo si al menos permanecen operativos la mitad de los motores que lleva. ¿Qué valores de p hacen que sea preferible volar en un avión de cuatro motores antes que en un avión de dos motores?

Propuesto 4 – Sea $\lambda \in \mathbb{R}^+$. Se considera la función definida para todo $x \in \mathbb{N}$ como $f(x) = e^{-\lambda} \cdot \frac{\lambda^x}{x!}$. Demostrar que $f(x)$ es una función de probabilidad y determina la esperanza y la varianza de la variable aleatoria asociada.

Propuesto 5 – Una empresa electrónica observa que el número de componentes que fallan antes de cumplir 100 horas de funcionamiento es una variable aleatoria de Poisson. Si el número promedio de estos fallos es ocho,

- a) ¿Cuál es la probabilidad de que falle un componente en 25 horas?
- b) ¿Y de que fallen no más de dos componentes en 50 horas?
- c) ¿Cuál es la probabilidad de que fallen por lo menos diez en 125 horas?

Propuesto 6 – La probabilidad de obtener cara al lanzar una moneda trucada es p. Lanzamos k veces la moneda e introducimos en una urna tantas bolas blancas como caras se han obtenido y tantas bolas negras como cruces. A continuación, se extraen r ($r < k$) bolas de la urna sin reemplazamiento. Determinar la distribución del número de bolas blancas que se obtienen.

Propuesto 7 – (Galicia 2019) El número de vehículos que atraviesan diariamente una zona de velocidad controlada por radar sigue una distribución de Poisson de parámetro λ. Si la probabilidad de que un vehículo no respete el límite fijado es p, se pide:

a) Encontrar la distribución del número de infracciones diarias detectadas por el radar.
b) Si el radar detectó r infracciones, ¿cuál es la distribución del número de vehículos que atravesaron la zona controlada? ¿Cuál es la media de esta distribución?

Variables aleatorias continuas

Problema 1 – Dada la función $f: \mathbb{R} \to \mathbb{R}$ definida por

$$f(x) = \begin{cases} 0, & x < 0 \\ \dfrac{k}{e^x + e^{-x}}, & x \geq 0 \end{cases}$$

a) Calcular el valor de k para que f sea una función de densidad de una variable.
b) Para el valor de k anterior, calcular la función de distribución de la citada variable.
c) Sabiendo que el valor de la variable es menor que 3, ¿cuál es la probabilidad de que sea mayor que 1?

Solución: a) f será una función de densidad si $\int f(x)dx = 1$. En este sentido,

$$\int_0^{+\infty} \frac{k}{e^x + e^{-x}} dx = k \cdot \lim_{t \to +\infty} \int_0^t \frac{1}{e^x + e^{-x}} dx$$
$$= k \cdot \lim_{t \to +\infty} \int_0^t \frac{e^x}{e^{2x} + 1} dx$$

Hacemos el cambio de variable $u = e^x$; $du = e^x dx$. Nótese que los extremos de integración tras el cambio serán 1 y e^t.

$$k \cdot \lim_{t \to +\infty} \int_1^{e^t} \frac{1}{u^2 + 1} du = k \cdot \lim_{t \to +\infty} arctg\, u \Big|_1^{e^t} = k\left(\frac{\pi}{2} - \frac{\pi}{4}\right)$$

Igualamos a 1 y despejamos la constante para obtener $k = \frac{4}{\pi}$.

b) Calculamos la función de distribución.

$$F(x) = \int_0^x f(t) dt = \int_0^x \frac{4/\pi}{e^t + e^{-t}} dt$$

Aprovechando los cálculos del apartado anterior, obtenemos que

$$\int_0^x \frac{4/\pi}{e^t + e^{-t}} dt = \frac{4}{\pi}\left(arctg(e^x) - \frac{\pi}{4}\right)$$

Luego

$$F(x) = \begin{cases} 0, & x < 0 \\ \frac{4}{\pi} arctg(e^x) - 1, & x \geq 0 \end{cases}$$

c) Por último, calculamos la probabilidad condicionada pedida.

$$P(X \geq 1 | X \leq 3) = \frac{P(1 \leq X \leq 3)}{P(X \leq 3)} = \frac{F(3) - F(1)}{F(3)}$$

$$= 1 - \frac{\frac{4}{\pi}arctg(e) - 1}{\frac{4}{\pi}arctg(e^3) - 1} \approx 0.2$$

Problema 2 – (Ceuta 2006) Una entidad financiera concede dos tipos de créditos: a corto plazo y a largo plazo. La cuantía de los créditos concedidos (en decenas de miles de euros) se ajusta a una variable aleatoria con función de densidad $f(x) = k \cdot e^{-kx}$; $x \geq 0$, con $k = \frac{1}{3}$ o $k = \frac{2}{3}$ según el crédito sea a corto o largo plazo, respectivamente. Se sabe además, que los créditos concedidos a corto plazo duplican a los concedidos a largo plazo.

a) Hallar la cuantía media de cada uno de los tipos de crédito.
b) Sabiendo que un crédito se ha concedido por importe superior a 20000 euros, calcule la probabilidad de que haya sido a corto plazo.
c) El director de la entidad está inspeccionando los créditos en un determinado periodo. Halle la probabilidad de que tenga que revisar al menos cinco para encontrar el tercero a largo plazo.

Solución: En primer lugar, comprobemos que la función dada es de densidad.

$$\int_0^{+\infty} ke^{-kx}dx = \lim_{t \to +\infty} \int_0^t ke^{-kx}dx = \lim_{t \to +\infty}(-e^{-kt} + 1) = 1$$

Luego, efectivamente, se trata de una función de densidad independientemente del valor del parámetro k.

a) Calculemos la esperanza de los dos tipos de créditos.

$$E(X) = \int_0^{+\infty} kxe^{-kx}\,dx = \lim_{t \to +\infty} \int_0^t kxe^{-kx}\,dx$$

Aplicamos integración por partes: $\begin{cases} u = x \\ dv = ke^{-kx}dx \end{cases} \Rightarrow$
$\begin{cases} du = dx \\ v = -e^{-kx} \end{cases}$

$$E(X) = \lim_{t \to +\infty} \left[-xe^{-kx}|_0^t + \int_0^t e^{-kx}\, dx \right]$$
$$= \lim_{t \to +\infty} \left[-te^{-kt} + -\frac{1}{k}e^{-kx}\Big|_0^t \right]$$

$$\lim_{t \to +\infty} \left[-te^{-kt} - \frac{1}{k}e^{-kt} + \frac{1}{k} \right] = \frac{1}{k}$$

De ahí, a corto plazo, $E(X) = \frac{1}{1/3} = 3$; mientras que a largo plazo, $E(X) = \frac{1}{2/3} = 3/2$.

b) Obtengamos la probabilidad pedida:

$$P(corto\ plazo | X > 20000) = \frac{P(corto \cap X > 20000)}{P(X > 20000)}$$

$$= \frac{\frac{2}{3}\left(1 - \int_0^2 \frac{1}{3}e^{-\frac{1}{3}x}dx\right)}{\frac{2}{3}\left(1 - \int_0^2 \frac{1}{3}e^{-\frac{1}{3}x}dx\right) + \frac{1}{3}\left(1 - \int_0^2 \frac{2}{3}e^{-\frac{2}{3}x}dx\right)}$$

$$= \frac{\frac{2}{3}\left[1 - \left(-e^{-\frac{1}{3}x}\right)_0^2\right]}{\frac{2}{3}\left[1 - \left(-e^{-\frac{1}{3}x}\right)_0^2\right] + \frac{1}{3}\left[1 - \left(-e^{-\frac{2}{3}x}\right)_0^2\right]} = \frac{\frac{2}{3}e^{-2/3}}{e^{-\frac{2}{3}}\left(\frac{2}{3} + \frac{1}{3}e^{-\frac{2}{3}}\right)}$$

$$= \frac{2}{2 + e^{-2/3}}$$

c) La variable aleatoria definida sigue una distribución binomial negativa donde queremos que el número de éxitos sea $r = 3$ y la probabilidad de éxito, $\frac{1}{3}$. Por lo tanto, si hay que revisar al menos cinco hasta encontrar el tercero a largo plazo, significa que hay al menos dos a corto plazo. Si X representa el número de créditos a corto plazo:

$$P(X \geq 2) = 1 - P(X = 0) - P(X = 1)$$

$$= 1 - \binom{3}{0} \cdot \left(\frac{1}{3}\right)^3 - \binom{3}{1} \cdot \left(\frac{1}{3}\right)^3 \cdot \left(\frac{2}{3}\right)$$

Problema 3 – (La Rioja 2006) La longitud del radio de una esfera es una variable aleatoria con función de densidad $f(x) = kx(1-x)$ si $0 < x < 1$ y nula en el resto.

a) Calcular el valor de la constante k para que f sea efectivamente una función de densidad. Calcular asimismo la función de distribución.
b) Se sabe que el radio de la esfera mide más de $1/3$, calcular la probabilidad de que su longitud sea inferior a $\frac{3}{4}$.
c) Si $S = 4\pi x^2$ es la superficie de la esfera de radio x, calcular $P(S > s)$.

Solución: a) Comenzamos calculando el valor de k. Para ello igualaremos a 1 la integral de la función de densidad sobre su soporte:

$$\int_0^1 kx(1-x)dx = k \cdot \int_0^1 x - x^2 dx = k \cdot \left[\frac{x^2}{2} - \frac{x^3}{3}\right]_0^1 = \frac{k}{6} = 1$$
$$\Rightarrow k = 6$$

De esta forma, teniendo en cuenta que la función de distribución viene dada por $F(x) = \int_0^x f(t)dt$, se sigue que ésta es

$$F(x) = \begin{cases} 0; & x < 0 \\ 3x^2 - 2x^3; & 0 \leq x \leq 1 \\ 1; & x > 1 \end{cases}$$

b) Obtengamos la probabilidad condicionada pedida aprovechando la función de distribución.

$$P\left(X < \tfrac{3}{4} \middle| X > \tfrac{1}{3}\right) = \frac{P\left(\tfrac{1}{3} < X < \tfrac{3}{4}\right)}{P\left(X > \tfrac{1}{3}\right)} = \frac{F\left(\tfrac{3}{4}\right) - F\left(\tfrac{1}{3}\right)}{1 - F\left(\tfrac{1}{3}\right)}$$

$$= \frac{\tfrac{54}{64} - \tfrac{1}{9}}{\tfrac{8}{9}} = 0.83$$

c) Por último, calculamos $P(S > s)$:

$$P(S > s) = P(4\pi x^2 > s) = P\left(x > \sqrt{\tfrac{s}{4\pi}}\right) = 1 - F\left(\sqrt{\tfrac{s}{4\pi}}\right)$$

$$= 1 - \frac{3s}{4\pi} + 2 \cdot \frac{2}{4\pi}\sqrt{\tfrac{s}{4\pi}}$$

Nótese que esa será la probabilidad si $\sqrt{\tfrac{s}{4\pi}} \in [0,1]$, pues es el soporte de la variable aleatoria. Esto implica que $s \in [0, 4\pi]$. En otro caso, si $s > 4\pi$, entonces $P(S > s) = 0$; y si $s < 0$, entonces $P(S > s) = 1$.

Problema 4 – (Cantabria 2012) Sean X e Y dos variables aleatorias independientes y uniformemente distribuidas en los intervalos $(0,1)$ y $(5,9)$ respectivamente, y que representan las longitudes de los lados de un rectángulo en el plano. Calcule el valor esperado y la varianza de la variable aleatoria área del rectángulo.

Solución: Definamos la variable aleatoria S que representa el área del rectángulo. Al ser X e Y las variables aleatorias que denotan las longitudes de los lados de dicho rectángulo, se sigue que $S = X \cdot Y$.

Obtener la esperanza del área es sencillo, ya que al ser X e Y independientes, $E(S) = E(X \cdot Y) = E(X) \cdot E(Y)$. De ahí que únicamente tengamos que obtener el valor esperado de las dimensiones. Para ello, establezcamos las funciones de densidad de las variables. Al seguir éstas una distribución uniforme en los intervalos (0,1) y (5,9), respectivamente, las funciones de densidad serán:

$$f_X(x) = \begin{cases} 1, & 0 < x < 1 \\ 0, & resto \end{cases} ; \quad f_Y(y) = \begin{cases} \frac{1}{4}, & 5 < x < 9 \\ 0, & resto \end{cases}$$

Luego, las esperanzas de las variables son:

$$E(X) = \int_0^1 x f_X(x) dx = \int_0^1 x \, dx = \left.\frac{x^2}{2}\right|_0^1 = \frac{1}{2}$$

$$E(Y) = \int_5^9 y f_Y(y) dy = \frac{1}{4}\int_4^9 y \, dy = \left.\frac{y^2}{8}\right|_5^9 = 7$$

De ahí, $E(S) = E(X) \cdot E(Y) = \frac{7}{2}$.

A continuación, calculamos la varianza de la variable área atendiendo a que $Var(S) = E(S^2) - E(S)^2$. De nuevo, por la independencia de X e Y, $E(S^2) = E(X^2 \cdot Y^2) = E(X^2) \cdot E(Y^2)$. Por lo tanto, calculamos los momentos de orden dos de las variables de las dimensiones del rectángulo.

$$E(X^2) = \int_0^1 x^2 f_X(x) dx = \int_0^1 x^2 dx = \left.\frac{x^3}{3}\right|_0^1 = \frac{1}{3}$$

$$E(Y^2) = \int_5^9 y^2 f_Y(y) dy = \frac{1}{4}\int_5^9 y^2 dy = \left.\frac{y^3}{12}\right|_5^9 = \frac{151}{3}$$

En definitiva,

$$Var(S) = E(S^2) - E(S)^2 = \frac{1}{3} \cdot \frac{151}{3} - \left(\frac{7}{2}\right)^2 = \frac{163}{36}$$

Problema 5 – (Madrid 2015) Tres máquinas A, B y C producen una determinada pieza. La máquina A la elabora con una longitud que se distribuye según una distribución normal de parámetros $\mu = 165, \sigma = 5$; la máquina B según una normal de parámetros $\mu = 175, \sigma = 5$ y la máquina C con una longitud normal de parámetros $\mu = 170, \sigma = 5$. Las longitudes son en metros y las tres máquinas fabrican gran cantidad.

a) El 50% de la producción la hace la máquina A, el 20% la realiza la máquina B y el resto la máquina C. Se eligen 3 piezas al azar y se sabe que miden más de 173 m. cada una. ¿Cuál es la probabilidad de que pertenezcan a la tercera máquina?

b) Si se eligen 100 piezas al azar de la máquina B independientes, unas de otras, ¿cuál es la probabilidad de que al menos 60 midan más de 173?

Solución: a) En primer lugar, calculamos la probabilidad de que la longitud de las piezas producidas por cada pieza sea mayor de 173 m.

- ✓ Máquina A: $P(X > 173) = P\left(Z > \frac{173-165}{5}\right) = 1 - \phi(1.6) = 0.0548$.
- ✓ Máquina B: $P(X > 173) = P\left(Z > \frac{173-175}{5}\right) = \phi(0.4) = 0.6554$.
- ✓ Máquina C: $P(X > 173) = P\left(Z > \frac{173-170}{5}\right) = 1 - \phi(0.6) = 0.2743$.

A continuación, calculamos la probabilidad pedida:

$$P(C|X > 173) = \frac{P(C \cap X > 173)}{P(X > 173)} = \frac{P(C) \cdot P(X > 173|C)}{P(X > 173)}$$

Calculamos $P(X > 173)$ utilizando el Teorema de la probabilidad Total:

$$P(A) \cdot P(X > 173|A) + P(B) \cdot P(X > 173|B) + P(C) \cdot P(X > 173|C)$$

$$= 0.5 \cdot 0.0548 + 0.2 \cdot 0.6554 + 0.3 \cdot 0.2743 = 0.241$$

De ahí,

$$P(C|X > 173) = \frac{P(C) \cdot P(X > 173|C)}{P(X > 173)} = \frac{0.3 \cdot 0.2743}{0.241}$$
$$= 0.3418$$

b) Sea X la variable aleatoria que representa el número de piezas de longitud mayor de $173\,m$ de la máquina B. Al extraerse 100 piezas aleatorias y teniendo en cuenta la probabilidad calculada en el apartado anterior, se tiene que $X \sim Bi(100, 0.6554)$.

Calculamos $P(X \geq 60)$. Para ello aplicamos el Teorema de Moivre que nos garantiza que podemos utilizar que $X \sim N(np, np(1-p))$. En nuestro caso, $X \sim (65.54, 22.585)$. Por otro lado, como estamos aproximando una variable aleatoria discreta por una continua, debemos considerar la corrección de Yates a la hora de calcular la probabilidad. En este sentido, en lugar de obtener $P(X \geq 60)$, calcularemos $P(X \geq 59.5)$.

$$P(X \geq 59.5) = P\left(Z \geq \frac{59.5 - 65.54}{\sqrt{22.59}}\right) = P(Z \geq -1.27)$$
$$= \phi(1.27) = 0.898$$

Problema 6 – (Asturias 2016) De un depósito que contiene un fluido viscoso se desprenden gotas que suponemos esféricas. El radio de una gota es una variable X medida en milímetros de tamaño mínimo ρ, siendo $\rho > 1$, cuya probabilidad de desprenderse es inversamente proporcional a su volumen.

a) Calcular ρ sabiendo que la esperanza de X supera en 1 a su mediana.
b) Si se desprenden cinco gotas, ¿cuál es la probabilidad de que exactamente tres de ellas superen el doble del tamaño mínimo?

c) Si el número de gotas que se desprenden por minuto sigue una distribución de Poisson de parámetro λ, calcule su esperanza, sabiendo que la probabilidad de que caigan cinco gotas en un minuto es la mitad de la probabilidad de que caigan cinco gotas en dos minutos.

Solución: El volumen de una esfera viene dado por $V = \frac{4}{3}\pi r^3$, donde r denota el radio de la misma. De esta forma, al ser la probabilidad de desprenderse inversamente proporcional a su volumen, la función de densidad de la variable X será de la forma $f(x) = \frac{k}{\frac{4}{3}\pi x^3}$, o equivalentemente, $f(x) = \frac{c}{x^3}$, con $c \in \mathbb{R}$ y $x \geq \rho$.

En primer lugar, calculamos el valor de la constante utilizando que $f(x)$ será función de densidad si $\int f(x)dx = 1$. En este sentido,

$$\int_{\rho}^{+\infty} \frac{c}{x^3} dx = \lim_{t \to +\infty} \int_{\rho}^{t} cx^{-3} dx = \lim_{t \to +\infty} \left.\frac{-c}{2x^2}\right|_{\rho}^{t}$$

$$= \lim_{t \to +\infty} \left(-\frac{c}{2t^2} + \frac{c}{2\rho^2}\right) = \frac{c}{2\rho^2}$$

Por lo tanto, $\frac{c}{2\rho^2} = 1$ implica $c = 2\rho^2$. Así, la función de densidad es:

$$f(x) = \begin{cases} 0, & x < \rho \\ \dfrac{2\rho^2}{x^3}, & x \geq \rho \end{cases}$$

a) Ahora, calculamos la esperanza y la mediana para obtener el valor de ρ.

$$E(X) = \int_{\rho}^{+\infty} xf(x)dx = \lim_{t \to +\infty} \int_{\rho}^{t} \frac{2\rho^2}{x^2} dx = \lim_{t \to +\infty} \left.-\frac{2\rho^2}{x}\right|_{\rho}^{t}$$

$$= 2\rho$$

Por otro lado, la mediana es el valor, x, que verifica que $P(X < x) = \frac{1}{2}$.

$$P(X < x) = \int_\rho^x f(t)dt = \int_\rho^x \frac{2\rho^2}{t^3} dt = -\frac{\rho^2}{t^2}\bigg|_\rho^x = -\frac{\rho^2}{x^2} + 1$$

Luego,

$$-\frac{\rho^2}{x^2} + 1 = \frac{1}{2} \Longrightarrow x = \rho\sqrt{2}$$

Ahora bien, como $E(X) = Me + 1$, tenemos que $2\rho = \rho\sqrt{2} + 1$, de donde se sigue que $\rho = 1 + \frac{\sqrt{2}}{2}$.

b) Comenzamos calculando la probabilidad de que una gota supere el doble el tamaño mínimo, es decir, $P(X > 2\rho)$:

$$P(X > 2\rho) = \int_{2\rho}^{+\infty} f(x)dx = \lim_{t \to +\infty} \int_{2\rho}^t \frac{2\rho^2}{x^3} dx = \lim_{t \to +\infty} -\frac{\rho^2}{x^2}\bigg|_{2\rho}^t$$
$$= \frac{1}{4}$$

Ahora definimos la variable aleatoria Y que representa el número de gotas que superan el doble del tamaño mínimo. De ahí que $Y \sim Bi\left(5, \frac{1}{4}\right)$. Por lo tanto, nos piden obtener

$$P(Y = 3) = \binom{5}{3} \cdot \left(\frac{1}{4}\right)^3 \cdot \left(\frac{3}{4}\right)^2 = 0.088$$

c) Es bien conocido que una variable que sigue una distribución $Po(\lambda)$, verifica que su esperanza es el parámetro λ. De esta forma, es suficiente con obtener dicho valor. Para ello, utilizamos el hecho de que la probabilidad de que caigan cinco gotas en un minuto es la mitad de la probabilidad de que caigan cinco gotas en dos minutos. En ese sentido, si Z_1 es la variable que representa el número de gotas que caen en un minuto y Z_2 en dos minutos, se cumple que $P(Z_1 = 5) = \frac{1}{2}P(Z_2 = 5)$:

$$e^{-\lambda} \cdot \frac{\lambda^5}{5!} = \frac{1}{2} e^{-2\lambda} \cdot \frac{(2\lambda)^5}{5!} \implies e^{\lambda} = 16 \implies \lambda = \ln 16 = 4\ln 2$$

En definitiva, la esperanza es $4\ln 2$.

Problema 7 – (Galicia 2019) Los dos lados iguales de un triángulo isósceles tienen una longitud l cada uno, y el ángulo x entre ellos es el valor de una variable aleatoria X con función de densidad proporcional a $x(\pi - x)$ en cada punto $x \in \left(0, \frac{\pi}{2}\right)$. Calcular la función de densidad del área del triángulo y su esperanza.

Solución: En primer lugar, nótese que la función de densidad de X vendrá dada por $f_X(x) = \begin{cases} k \cdot x(\pi - x), & x \in \left(0, \frac{\pi}{2}\right) \\ 0, & otro\ caso \end{cases}$.

En este sentido, calculamos el valor de la constante k utilizando que $\int_0^{\pi/2} f_X(x)\,dx = 1$.

$$\int_0^{\pi/2} k \cdot x(\pi - x)\,dx = k \cdot \left[\frac{\pi x^2}{2} - \frac{x^3}{3}\right]_{x=0}^{x=\frac{\pi}{2}} = k \cdot \frac{\pi^3}{12} = 1 \implies k = \frac{12}{\pi^3}$$

Luego, $f_X(x) = \frac{12}{\pi^3} x(\pi - x)$ si $x \in \left(0, \frac{\pi}{2}\right)$.

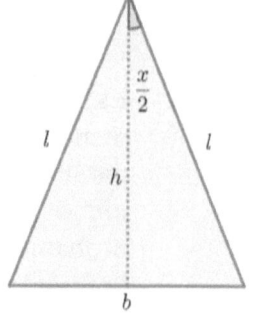

En segundo lugar, expresemos el área del triángulo en función del ángulo x.

$$\begin{cases} h = l \cdot \cos\left(\dfrac{x}{2}\right) \\ b = 2l \cdot \text{sen}\left(\dfrac{x}{2}\right) \end{cases}$$

Por consiguiente, $S = \dfrac{2l^2 \text{sen}\left(\frac{x}{2}\right)\cos\left(\frac{x}{2}\right)}{2} = \dfrac{l^2 \text{sen } x}{2}$, donde hemos simplificado la expresión aplicando la fórmula trigonométrica del ángulo doble.

A continuación, obtenemos la función de distribución del área S, pues su derivada nos dará la función de densidad.

$$F_S(s) = P(S \leq s) = P\left(\dfrac{l^2 \text{sen } x}{2} \leq s\right)$$

$$= P\left(x \leq \arcsen\left(\dfrac{2s}{l^2}\right)\right) = F_X\left(\arcsen\left(\dfrac{2s}{l^2}\right)\right)$$

Obtenemos la función de distribución de X.

$$F_X(x) = \int_0^x \dfrac{12}{\pi^3} t(\pi - t) dt = \dfrac{12}{\pi^3}\left[\dfrac{\pi t^2}{2} - \dfrac{t^3}{3}\right]_{t=0}^{t=x}$$

$$= \dfrac{6x^2}{\pi^2} - \dfrac{4x^3}{\pi^3}; \quad x \in \left(0, \dfrac{\pi}{2}\right)$$

Luego

$$F_S(s) = F_X\left(\arcsen\left(\dfrac{2s}{l^2}\right)\right)$$

$$= \dfrac{6 \cdot \arcsen^2\left(\frac{2s}{l^2}\right)}{\pi^2} - \dfrac{4 \cdot \arcsen^3\left(\frac{2s}{l^2}\right)}{\pi^3}$$

Por último, derivamos la función de distribución obtenida para determinar la función de densidad de S, que será no nula para $s \in \left(0, \dfrac{l^2}{2}\right)$.

$$f_S(s) = F'_S(s) = \frac{12}{\pi^2} \arcsen\left(\frac{2s}{l^2}\right) \cdot \frac{\frac{2}{l^2}}{\sqrt{1-\left(\frac{2s}{l^2}\right)^2}}$$

$$\cdot \left[1 - \frac{\arcsen\left(\frac{2s}{l^2}\right)}{\pi}\right]$$

Terminamos el problema calculando la esperanza del área.

$$E(S) = \int_0^{l^2/2} s \cdot \frac{12}{\pi^2} \arcsen\left(\frac{2s}{l^2}\right) \cdot \frac{\frac{2}{l^2}}{\sqrt{1-\left(\frac{2s}{l^2}\right)^2}} ds$$

$$- \int_0^{l^2/2} s \cdot \frac{12}{\pi^3} \arcsen^2\left(\frac{2s}{l^2}\right) \cdot \frac{\frac{2}{l^2}}{\sqrt{1-\left(\frac{2s}{l^2}\right)^2}}$$

Aplicamos el cambio de variable $t = \arcsen\left(\frac{2s}{l^2}\right)$, lo que implica $dt = \frac{\frac{2}{l^2}}{\sqrt{1-\left(\frac{2s}{l^2}\right)^2}}$ y $s = \frac{l^2}{2}\sen t$. Además, como $s \in \left(0, \frac{l^2}{2}\right)$, se sigue que $t \in \left(0, \frac{\pi}{2}\right)$. De ahí,

$$E(S) = \int_0^{\pi/2} \frac{l^2}{2} \sen t \cdot \frac{12}{\pi^2} t \, dt - \int_0^{\pi/2} \frac{l^2}{2} \sen t \cdot \frac{12}{\pi^3} t^2 \, dt$$

$$= \frac{6l^2}{\pi^2} \int_0^{\pi/2} t \cdot \sen t \, dt - \frac{6l^2}{\pi^3} \int_0^{\pi/2} t^2 \cdot \sen t \, dt$$

Ahora, integramos por partes ambas integrales.

$$E(S) = \frac{6l^2}{\pi^2} \cdot \left[-t\cos t \Big|_0^{\frac{\pi}{2}} + \int_0^{\frac{\pi}{2}} \cos t \, dt \right]$$

$$- \frac{6l^2}{\pi^3} \cdot \left[-t^2 \cos t \Big|_0^{\frac{\pi}{2}} + 2 \cdot \int_0^{\frac{\pi}{2}} t \cdot \cos t \, dt \right]$$

$$= \frac{6l^2}{\pi^2} \cdot [\operatorname{sen} t]_{t=0}^{t=\frac{\pi}{2}} - \frac{6l^2}{\pi^3} \cdot 2 \cdot \int_0^{\frac{\pi}{2}} t \cdot \cos t \, dt$$

$$= \frac{6l^2}{\pi^2} - \frac{12l^2}{\pi^3} \left(t \operatorname{sen} t \Big|_0^{\frac{\pi}{2}} - \int_0^{\frac{\pi}{2}} \operatorname{sen} t \, dt \right)$$

$$= \frac{6l^2}{\pi^2} - \frac{12l^2}{\pi^3} \cdot \left(\frac{\pi}{2} - [-\cos t]_{t=0}^{t=\frac{\pi}{2}} \right) = \frac{6l^2}{\pi^2} - \frac{6l^2}{\pi^2} + \frac{12l^2}{\pi^3} = \frac{12l^2}{\pi^3}$$

En conclusión, $E(S) = \frac{12l^2}{\pi^3}$.

Problemas propuestos:

Propuesto 1 – (Cantabria 1994) Una ciudad ideal tiene forma circular, con un radio de 5 km. La concentración de población, en millones de habitantes por km^2, en dicha ciudad sigue la ley:

$$C(r) = \frac{e^{-r/5}}{2\pi}$$

siendo r la distancia al centro, expresada en km:

a) ¿Cuál es la población total de la ciudad?
b) ¿Cuál es la probabilidad de que un ciudadano cualquiera viva a una distancia del centro menor que r_0? ¿Qué representa la función así obtenida respecto a la variable aleatoria?
c) Determinar el radio de acción de una red de autobuses para que sirva al 75% de los ciudadanos que viven más próximos al centro.

Propuesto 2 – (Castilla La Mancha 2004) Tres bombillas B_1, B_2 y B_3 tienen duraciones independientes X_1, X_2 y X_3 y siguen leyes de distribución exponencial de parámetros θ_1, θ_2 y θ_3, respectivamente. Determinar:

a) La probabilidad de que se funda la bombilla B_1 antes de que se funda la bombilla B_2.
b) La probabilidad de que las tres bombillas se fundan en el orden B_1, B_2 y B_3.
c) La probabilidad de que la última bombilla en fundirse sea la B_3.

Propuesto 3 – (Cataluña 1993) La duración, en minutos, de una llamada telefónica de larga distancia se asemeja a una variable aleatoria X con función de distribución:

$$F(x) = \begin{cases} 0, & x \leq 0 \\ 1 - \dfrac{2e^{-\frac{2x}{3}}}{3} - \dfrac{e^{-\frac{x}{3}}}{3}, & x > 0 \end{cases}$$

Determinar:

a) La esperanza matemática o duración media.
b) La probabilidad de que la duración de una llamada esté comprendida entre uno y seis minutos.
c) La probabilidad e que una llamda que ya lleve tres inutos no pase de los seis minutos.

Propuesto 4 – (Galicia 2016) Sea:

$$f(x,y) = \begin{cases} k(x^2 + y^3)e^{-(x+y)}, & x \geq 0, y \geq 0 \\ 0, & resto \end{cases}$$

la función de densidad de una variable aleatoria bidimensional (X, Y):

a) Calcular el valor de k.
b) Calcular las funciones de densidad marginales de ambas variables aleatorias.
c) Calcular $f(y|x)$.

d) Razonar si ambas variables aleatorias son o no independientes.

Propuesto 5 – (Murcia 2004)

a) El tiempo (en meses) T de funcionamiento ininterrumpido hasta avería o parada de un cierto tipo de motor es una variable aleatoria con función de densidad del tipo: $f(t) = \alpha e^{\beta t}, (t \geq 0)$. Hallar los posibles valores de α y β y el tiempo medio de funcionamiento ininterrumpido, así como la varianza de dicho tiempo T.

b) Se instalan en paralelo tres motores del mismo tipo (de modo que el sistema funciona si funciona alguno de los motores), que funcionan independientemente, y tales que el tiempo medio de funcionamiento ininterrumpido de cada uno de ellos es de tres meses. Hallar el tiempo medio de funcionamiento hasta avería del sistema. Si el sistema se pone en marcha cien veces a lo largo de su vida útil, ¿en cuántas se espera que funcione sin avería durante más de tres meses?

c) Si, para obtener mayor potencia-punta del sistema, se instalan los tres motores en serie (ahora el sistema se para cuándo se pare algún motor), hallar el tiempo medio de funcionamiento hasta parada del sistema.

d) Si se instalan en paralelo diez motores de este tipo y se necesita que funcionen, al menos, tres al mismo tiempo para que el montaje sea eficaz, hallar la probabilidad de que este montaje funcione con eficacia más de tres meses.

Propuesto 6 – (C. Valenciana 2005) Una línea de autobuses tiene longitud L. La probabilidad de que un pasajero suba al autobús en las proximidades del punto x es proporcional a $x(x-L)^2$ y la probabilidad de que un pasajero que subió en el punto x baje en el punto y es proporcional a $(y-x)^h$, con $h > 0$. Calcular:

a) Las constantes de probabilidad de ambas probabilidades.
b) La probabilidad de que un pasajero no suba al autobús antes del punto z del recorrido del autobús.
c) La probabilidad de que un pasajero que subió en el punto x descienda después del punto z.

Propuesto 7 – (Cantabria 2012) Sean X e Y dos variables aleatorias independientes y uniformemente distribuidas en los intervalos $(0,1)$ y $(5,9)$ respectivamente, y que representan las longitudes de los lados de un rectángulo en el plano. Calcule el valor esperado y la varianza de la variable aleatoria área del rectángulo.

Sobre el autor

Daniel Nieves Roldán

Graduado en Matemáticas por la Universidad de Murcia, Daniel realizó en la misma universidad el Máster de Formación del profesorado y un Máster de Matemática Avanzada, obteniendo la especialidad de análisis matemático.

Pertenece al cuerpo de profesores de secundaria en la Comunidad Valenciana e imparte docencia en el IES Tháder de Orihuela.

Actualmente cursa sus estudios de doctorado en el grupo de Sistemas Dinámicos de la Universidad de Murcia, centrándose su investigación en el análisis cualitativo de los sistemas dinámicos discretos.

www.ingramcontent.com/pod-product-compliance
Lightning Source LLC
Chambersburg PA
CBHW020648220526
45464CB00001B/340